TinyML

經典範例集

結合人工智慧與超低功耗嵌入式裝置
讓這個世界更聰明

由於妻子 *Eleonora* 的支持，
我才能度過這段奇幻寫作旅程的無數漫漫長夜。
謹將本書獻給她，
她從最初就對這件事堅信不移。

中文版推薦序

TinyML is experiencing an incredible growth momentum in all market segments and sees an immense opportunity to allow smartness in a minimally intrusive way. Undoubtedly, part of this growth must be directly attributed to the continued success in reducing the complexity of ML model deployment and the proliferation of low-power devices with extraordinary computing capabilities. TinyML is not a niche technology designed by a few people to solve a few technological problems. It is a technology that has been around us for many years and is in the hands of many developers to solve big real-world problems. After all, tinyML is edge ML but has a unique feature: low power consumption.

Smart watches, intelligent assistants, and drones are just some successful products powered by this compelling technology.

I am Gian Marco Iodice, author of the TinyML Cookbook and Chair of the tinyML Foundation global meetups. I work at Arm in Cambridge - UK, where I am the tech lead for the Arm Compute Library, a software library deployed on billions of devices worldwide – from servers to smartphones that offer optimized ML functions for Arm CPUs and Arm Mali GPUs.

During my professional experience in the ML space, I learned that when we face big technological or environmental problems, we instinctively think that the solution must be just as big and require an internet connection. Is it always true? Not really. Many big problems can be solved with much smaller solutions and without an internet connection. Only by thinking smaller can we make our solutions power-efficient, privacy-oriented, and cost-effective. This is the natural place for tinyML and the motivation that brought me to develop TinyML Cookbook.

My book intends to demonstrate how easily big problems can be solved with tinyML, even for those unfamiliar with embedded programming.

When Dr. David Tseng approached me to tell me his desire to translate the book into traditional Chinese, I felt honoured. I know how **CAVEDU** Education is devoted to technology education and edge computing and has been intensively active in teaching fundamental skills in robotics and deep learning for many years.

The translation into traditional Chinese is an incredible milestone for the tinyML community. Language should not be a barrier but an enabler to make education accessible to everyone. I firmly believe that local language is the key to effective learning and building inclusive communities. Therefore, I hope the translation of the TinyML Cookbook into traditional Chinese can help spread the knowledge of tinyML to as many Chinese-speaking people as possible worldwide.

For this reason, I want to thank **CAVEDU** Education and the tinyML Taiwanese community for making this translation possible and inspiring people all over the world with comprehensive educational support.

Gian Marco Iodice

推薦序

Foreword

無庸置疑，科技領域對我們日常生活的影響可說是與日俱增。這些變化之快，如同它們從來沒變過一樣，並且早已充斥在我們的身邊 —— 在智慧型手機中、車子、智慧音箱與各種我們用來提升效率、福祉與連結性的事物之中。機器學習是現今時代中最具劃時代意義的科技之一。產業、學界與工程社群不斷地去理解、促進並探索這項驚人科技的能耐，並對於各個產業開啟了更多潛在可能性與全新應用。

我是 Arm 公司的機器學習產品經理。在這個角色上，我身處於機器學習（Machine Learning, ML）革命的核心，而這正發生在智慧型手機、汽車產業、遊戲、AR/VR 與其他各種裝置上。我已預見在不久的將來，所有的電子裝置都會具備某種 ML 功能 —— 從世界最大最快的超級電腦，一路到最小的低功耗微控制器。身處 ML 領域讓我得以認識科技界最聰明也最耀眼的人們 —— 他們勇於挑戰傳統產業存在已久的 "正統"、提出各種艱澀問題，並藉由運用 ML 技術來開啟嶄新的價值。

我第一次碰到 Gian Marco 時，我連 "ML" 都還不太知道怎麼說，但當時他早已是業界老兵了。我對於他專業知識的深度與廣度感到驚訝不已，當然還有他在處理各種困難問題的驚人能耐。與 Arm 團隊共事，他讓 **Arm Compute Library（ACL）** 成為了 Arm 平台上功能最強大的機器學習函式庫。ACL 的全面成功可說是打遍天下無敵手，且已被部署在全球數以百萬計的裝置上了 —— 包含伺服器、旗艦級智慧型手機與智慧烤箱等等。

當 Gian 告訴我，他正在寫一本關於 ML 的書的時候，我馬上聯想到的是「哪個部分？」ML 生態系實在是太多元了，需要考量許多截然不同的技術、平台與框架。同時，由於他對於 ML 各方面的淵博學識，我知道他就是這項任務的絕佳人選．再者，Gian Marco 在敘事風格上明確且邏輯清晰，有其個人的獨特魅力。

Gian Marco 所寫的這本書用一系列的實務案例，帶領讀者揭開了 TinyML 世界的神秘面紗。每個範例都是以清晰且風格一貫的專案來呈現，並提供了簡易的逐步教學。從最根本的原理開始，作者逐一解釋了每個專案會用到的電子電路與軟體技術的重要基礎。本書接著談到了會用到的平台與技術，然後才介紹 ML —— 我們運用這項技術來開發、訓練神經網路，並部署在目標裝置上。這本書真的是名副其實的「一應俱全」。每個專案都比前一個更具挑戰性，並巧妙搭配了現有與發展中的技術。你所學到的不只是「如何做」，還會理解「為什麼要這麼做」。論到各種邊緣裝置，本書確實對於 ML 這項技術提供了極其宏觀全面的視野。

ML 不斷地讓科技在各方面上都陷入了「混亂」，並已成為軟體開發者的必備技能。本書透過了現成可用的平價技術來幫助你快速上手。不論你是 ML 新手或已具備了一定的經驗值，本書中的各個專案提供了知識面的堅固基石，也同時也為日後的自我發展與各項實驗保留了足夠的空間。不論是把本書視為課本或是參考工具書，你都能為日後開發各種 ML 應用打好紮實的基礎。本書能讓你的團隊眼界更寬廣、讓產品效率更好、效能更高，甚至還能催生出全新的功能。

—Ronan Naughton
ARM 機器學習資深產品經理

本書貢獻者

Contributors

關於作者

Gian Marco Iodice 是 Arm 公司機器學習小組的技術主管，並在 2017 年與同事開發出了 Arm Compute Library。Arm Compute Library 目前是 Arm 平台上功能最強大的機器學習函式庫，且已被部署在涵蓋伺服器到智慧型手機等全球數以百萬計的裝置上了。

Gian Marco 擁有義大利比薩大學（University of Pisa）的電機工程碩士學位與高等學士學位，並在各種邊緣裝置上開發 ML 與電腦視覺演算法有多年經驗。他現在正致力於 Arm Mali GPU 的 ML 效能最佳化。

他與友人在 2020 年共同創辦了 TinyML UK meetup 群組，鼓勵大家分享知識、教學與激勵新一代的 ML 開發者來探索各種微型節能裝置。

關於審校

Alessandro Grande 是物理學家、工程師、協調者以及技術主管。對於把人們串連起來並讓大家有能力邁向效率更好且更加永續的科技,他可是有著發自內心深處的熱情。Alessandro 現在是 Edge Impulse 的產品總監,在英國與義大利共同創辦了 TinyML Meetup 群組。在加入 Edge Impulse 之前,Alessandro 任職於 Arm 公司,身兼開發者傳教士與生態圈經理,主要是提供讓物聯網系統更聰明並更加有效率運作的基礎。他擁有羅馬大學(University of Rome, La Sapienza)的核電物理碩士學位。

Daksh Trehan 的職涯是從資料分析師開始。他對於資料與統計的熱愛只能說是令人難以想像。身具多種統計技術,讓他一腳踏進了 ML 與資料科學的世界。專注於資料分析師的本業上時,他也喜歡運用各種 ML 技術來對既有資料進行預測。他深刻體認到資料在現今世界的影響力,並持續運用各種 ML 技術與自身扎實的資料視覺化基礎來試著讓世界更好。他喜歡編寫 ML 與 AI 相關的主題文章,目前為止已超過了 100,000 次點閱。他也是《365 Days as a TikTok creator》一書的 ML 顧問,該書作者為 Markus Rach 博士,可自 Amazon 購買。

目錄

Contents

2 用微控制器開發原型 35

4 透過 Edge Impulse 聲控 LED　　　　　**121**

5 室內場景分類   171

6　製作 YouTube Playback 的手勢互動介面　　213

7 使用 Zephyr OS 執行 Tiny CIFAR-10 模型　　259

8 與 microNPU 一同邁向 TinyML 新世代　　291

前言
Preface

本書內容是微型機器學習（TinyML），這項快速發展的技術結合了**機器學習（machine learning, ML）**與嵌入式系統，使得在微控制器這類超低功耗裝置上得以實現 AI。

TinyML 是充滿各種機會且令人心喜的全新領域。只要少量預算，我們就能賦予各種物體新生命，使它們能以更富智能的方式來與世界互動，並讓我們的生活方式變得更好。不過，如果你的技術背景是機器學習但對於微控制器這類嵌入式系統還不太熟悉的話，這個領域可能會難以入門。因此，本書的目標是為你掃除這些障礙，透過許多實務範例讓原本不具備嵌入式程式經驗的開發者也能輕鬆上手 TinyML。每章都包含了獨立的專案，讓你可從中學習 TinyML 的某種核心技術、介接感測器等電子元件，並把 ML 模型部署在記憶體有限的裝置上。

本書首先針對了這個整合了諸多學科的領域進行了相當實用的介紹，讓你快速理解要在 Arduino Nano 33 BLE Sense 與 Raspberry Pi Pic 等開發板上部署智能應用的關鍵點。隨著本書內容，你會知道如何處理在製作微處理器原型時所碰到的各種問題，例如透過 GPIO 腳位來控制 LED 狀態、讀取按鈕狀態，以及透過電池來對微處理器供電。之後，你會實作與溫度、濕度與三 **V** 感測器（**語音**、**視覺**與**振動**）有關的專案，並從中理解在不同情境中實作端對端智能應用的必要技術。接著，你會學會如何為記憶體有限的微處理器來建置微型模型的最佳方案。最後，你還會認識兩款最新的技術：microTVM 與 microNPU，讓你在 TinyML 領域中更上一層樓。

閱畢本書之後，你應該會對各種最佳實作方案與機器學習框架相當熟悉了，知道如何輕鬆在各種微控制器上部署機器學習 app，並清楚理解開發階段所要考量的關鍵因素。

本書是為誰而寫

本書的目標讀者群是希望能透過實務範例來快速在控制器上開發 ML 應用的 ML 開發者 / 工程師。本書透過在 Arduino Nano 33 BLE Sense 與 Raspberry Pi Pico 開發板搭配實體感測器來實作端對端的智能專案，希望能幫助你拓展關於 TinyML 浪潮的相關知識。你需要對 C/C++、Python 程式語言以及**命令列介面（command-line interface, CLI）**有基本理解，但不必具備微控制器的先備知識。

本書精彩內容

第 1 章 | TinyML 入門

說明了把 ML 應用帶到微控制器上所產生的機會與挑戰。本章主要說明了 ML 背後的重要意涵、功耗與微控制器，這些因素使得 TinyML 與運行在雲端伺服器、桌上型電腦甚至智慧型手機上的傳統 ML 相比，顯得獨具魅力且與眾不同。

第 2 章 | 用微控制器開發原型

本章透過簡潔並又直觀的專案來說明微控制器程式的相關開發基礎。首先說明了程式除錯技巧以及如何把資料傳送給 Arduino 的序列監控視窗。之後，還會介紹如何透過 ARM Mbed API 來控制 GPIO 周邊，並藉由麵包板來介接 LED 與按鈕等外部元件。最後則示範如何透過電池為 Arduino Nano 33 BLE Sense 與 Raspberry Pi Pico 來供電。

第 3 章 | 建立氣象站

帶你一步步完成針對微控制器的 TensorFlow 應用程式的所有開發階段，也會介紹如何取得溫度與濕度感測器的資料。本章將完成一個基於 ML 的氣象站，還可以預測降雪狀況。

本章首先說明了如何從 WorldWeatherOnline 網站取得歷史氣象資料來準備好資料集。之後,則會介紹使用 TensorFlow 來訓練與測試模型的相關基礎。最後,則是透過 TensorFlow Lite for Microcontrollers(TFLM)框架把模型部署在 Arduino Nano 33 BLE Sense 與 Raspberry Pi Pico 這兩款開發板上。

第 4 章 | 透過 Edge Impulse 聲控 LED

本章示範如何使用 Edge Impulse 來開發一個端對端的**關鍵詞辨識(KWS)**應用程式,並藉此熟悉如何取得聲音資料與**類比轉數位(ADC)**周邊裝置。本章專案將可透過語音來控制 LED 發出不同的色光(紅、綠與藍光)以及 LED 的閃爍時間(1 到 3 秒)。

本章也是先從準備資料集開始,會用到智慧型手機來收集聲音資料。之後,我們會設計一個可處理**梅爾頻率倒頻譜係數(MFCC)**特徵的模型,並透過 EON Tuner 來讓效能最佳化。最後則是要在 Arduino Nano 33 BLE Sense 與 Raspberry Pi Pico 開發板上執行這個 KWS 應用程式。

第 5 章 | 室內場景分類

本章將示範如何使用 TensorFlow 來實作遷移學習並說明微控制器搭配攝影機模組的最佳實作方式。本章專案將可透過 Arduino Nano 33 BLE Sense 開發板搭配 OV7670 攝影機模組來辨識室內環境。

本章首先說明如何取得來自 OV7670 攝影機模組的影像。再來則是說明模型設計,在此會運用 Keras 框架實作遷移學習來辨識廚房與浴室。最後,會透過 TFLM 框架來把量化後的 TensorFlow Lite 模型部署在 Arduino Nano 33 BLE Sense 開發板上。

第 6 章 | 製作 YouTube Playback 的手勢互動介面

教你如何運用 Edge Impulse 搭配 Raspberry Pi Pico 來開發一個端對端手勢辨識應用,並藉此認識慣性感測器、操作 I2C 周邊,並透過 Arm Mbed

OS 來編寫一個多執行緒程式。本章首先示範如何操作 Edge Impulse data forwarder 工具來收集加速度計資料來準備好資料集。之後，同樣會設計一個可處理頻域特徵的模型來辨識三種不同的手勢。最後則是要把專案部署在 Raspberry Pi Pico 開發板，並開發 Python 程式搭配 PyAutoGUI 函式庫來完成一個可控制 YouTube 影片播放的無接觸介面。

第 7 章 | 使用 Zephyr OS 執行 Tiny CIFAR-10 模型

說明了針對微控制器來建置微型模型的最佳方案。本章會設計一個可分類 CIFAR-10 影像資料集的模型，並使其執行在基於 Arm Cortex-M3 的虛擬微控制器上。

本章先從安裝 Zephyr 開始，這是完成本章專案所需的主要框架。之後，會運用 TensorFlow 設計一個量化後的微型 CIFAR-10 模型。這款模型可以放入程式記憶體只有 256 KB 且 RAM 只有 64 KB 的微控制器中。最後，則同樣運用 TensorFlow Lite for Microcontroller 框架與 Zephyr OS 來建置一個影像分類應用程式，並透過 **Quick Emulator** （**QEMU**）讓其得以執行在虛擬平台上。

第 8 章 | 與 microNPU 一同邁向 TinyML 新世代

本章要帶你認識 microNPU 這款可在邊緣裝置上執行 ML 作業的全新處理器。本章將會透過 TVM 來將量化後的 CIFAR-10 模型執行在虛擬的 Arm Ethos-U55 microNPU 上。本章首先說明 Arm Ethos-U55 microNPU 的運作方式，並安裝軟體相依套件以便在 Arm Corstone-300 固定虛擬平台上建置與執行模型。接著，我們會使用 TVM 編譯器將預訓練的 TensorFlow Lite 模型轉換為 C 程式碼。最後，則會示範如何編譯 TVM 所生成的程式碼，並將其部署到 Arm Corstone-300 上，以便搭配 Arm Ethos-U55 microNPU 來進行推論。

充分運用本書

你需要一台 x86-64 架構的電腦（筆電或桌上型電腦都可以），並具備至少一個 USB 接頭，才能將程式燒錄到 Arduino Nano 33 BLE Sense 與 Raspberry Pi Pico 微控制器上。本書前六章的範例在 Ubuntu 18.04（或更新的版本）或 Windows（例如 Windows 10）作業系統上都可執行。不過，第 7 章與第 8 章會用到 Ubuntu 18.04 （或更新的版本）作業系統。

你在電腦上所需安裝的軟體如下：

- Python（建議 Python 3.7）

- 文字編輯器（例如 Ubuntu 的 gedit）

- 多媒體播放器（例如 VLC）

- 影像檢視軟體（例如 Ubuntu 或 Windows 10 作業系統內建的就很好用了）

- 網路瀏覽器（例如 Google Chrome）

這趟 TinyML 旅程中會用到多種軟體工具來開發 ML 應用與嵌入式系統程式。感謝 Arduino、Edge Impulse 與 Google，這些工具現在都可在雲端來透過瀏覽器操作，且針對我們的需求還有免費方案可以使用。

Arduino Nano 33 BLE Sense 與 Raspberry Pi Pico 可直接透過瀏覽器來操作 Arduino Web Editor 並編寫程式。不過，Arduino Web Editor 每天有 200 秒的編譯時間上限。因此，你可考慮升級到付費方案或使用免費的本機端 Arduino IDE 來擺脫編譯時間限制。如果你想使用免費的本機端 Arduino IDE 的話，請參考本書 GitHub 的設定步驟[1]。

---

1 https://github.com/PacktPublishing/TinyML-Cookbook/blob/main/Docs/setup_local_arduino_ide.md

各章所需的硬體裝置與軟體工具整理如下表：

第幾章	硬體裝置	軟體工具
1	Arduino Nano 33 BLE Sense Raspberry Pi Pico	Arduino Web Editor
2	Arduino Nano 33 BLE Sense Raspberry Pi Pico	Arduino Web Editor Google Colaboratory
3	Arduino Nano 33 BLE Sense Raspberry Pi Pico	ArduinoWeb Editor Google Colaboratory
4	Arduino Nano 33 BLE Sense Raspberry Pi Pico	Arduino Web Editor Edge Impulse、Python 3.6（本機端）
5	Arduino Nano 33 BLE Sense	Arduino Web Editor Google Colaboratory、Python 3.6（本機端）
6	Raspberry Pi Pico	Arduino Web Editor Edge Impulse、Python 3.6（本機端）
7	虛擬平台	Google Colaboratory、Python 3.6（本機端） Zephyr SDK
8	虛擬平台	Arm Corstone-300、Python 3.6（本機端） TVM/microTVM

本書部份這些專案可能會用到某些感測器與額外的電子元件來製作可實際運作的 TinyML 原型，好讓你體驗完整的開發流程。各章會用到的所有元件已列在該章開頭，並同時列在本書 GitHub 的 README.md[2] 檔案中。由於會製作實體電路，我們需要的電子材料套件包至少要包含免焊麵包板、各色 LED、電阻、按鈕與跳線。如果你是電路初學者，別擔心！本書前兩章會詳加介紹這些元件。再者，本書 GitHub 也準備了新手購物清單，讓你知道究竟要買哪些東西：

```
https://github.com/PacktPublishing/TinyML-Cookbook/blob/main/Docs/
shopping_list.md
```

2　https://github.com/PacktPublishing/TinyML-Cookbook

下載範例程式碼

本書範例程式碼請由此取得，日後如果程式碼有更新的話，也會更新在這裡：

https://github.com/PacktPublishing/TinyML-Cookbook

下載彩色圖片

請由此取得本書螢幕截圖與圖示的彩色 PDF 檔：

https://static.packt-cdn.com/downloads/9781801814973_ColorImages.pdf

本書使用慣例

本書運用了不同的字體來代表不同的慣用訊息。

Code in text：文字、資料庫表單名稱、資料夾名稱、檔案名稱、副檔名稱、路徑名稱、假的 URL，使用者輸入和推特用戶名稱都會這樣顯示。例如："進入 ~/project_npu 資料夾，並在其中建立三個資料夾，分別為 binaries、src 與 sw_libs。"

以下是一段程式碼：

```
export PATH=~/project_npu/binaries/FVP_Corstone_SSE-300/models/
Linux64_GCC-6.4:$PATH
```

如果程式碼有需要特別注意的部分，會以粗體來強調：

```
[default]
exten => s,1,Dial(Zap/1|30)
exten => s,2,Voicemail(u100)
exten => s,102,Voicemail(b100)
exten => i,1,Voicemail(s0)
```

命令列 / 終端機的輸入輸出訊息會這樣表示：

```
$ cd ~/project_npu
$ mkdir binaries
$ mkdir src
```

粗體：代表新名詞、重要字詞或在畫面上的文字會以粗體來表示。例如，在選單或對話窗中的文字就會以粗體來表示。例如：「請先點選 **Corstone-300 Ecosystem FVPs** 選項，接著點選 **Download Linux** 按鈕。」

> **Tips 或 Important Notes**
>
> 會這樣呈現。

段落

你會在本書中看到一些常常出現的標題：事前準備、實作步驟與補充。說明如下：

◉ 事前準備

說明該專案的預期功能，以及完成這項專案所需的軟體或其他前置準備。

◉ 實作步驟

說明完成該專案所需的相關步驟。

◉ 補充

補充一些與該專案有關的資訊。

TinyML 入門

終於，我們即將邁入**微型機器學習（TinyML）**的世界。

我們會先介紹這個新興領域，並介紹應用**機器學習（ML）**在低功率**微控制器**上的發展機會與挑戰。本章主要將介紹 TinyML 的基本要素、電力消耗與微控制器，這些是讓 TinyML 有別於應用在雲端、桌上型電腦和智慧手機上這類傳統 ML 的關鍵。尤其是微控制器程式設計部分，對於沒有太多關於嵌入式程式設計經驗的讀者來說相當重要。

介紹完 TinyML 的基本架構後，我們將建立一個簡易 LED 應用程式的開發環境，同時也代表著 TinyML 實作之旅正式展開。

相較於之後的章節，本章關於理論架構的討論會比較多，可以幫助你熟悉這項快速發展的技術之概念與常用術語。

本章主題如下：

- TinyML 簡介
- 深度學習概要
- 認識功率與能量的差異

- 微控制器的程式設計

- 認識 Arduino Nano 33 BLE Sense 與 Raspberry Pi Pico

- 設定 Arduino Web Editor、TensorFlow 和 Edge Impulse

- 於 Arduino Nano 和 Raspberry Pi Pico 上執行草稿碼

技術需求

本章所有實作範例所需項目如下：

- Arduino Nano 33 BLE Sense 開發板，1 片

- Raspberry Pi Pico 開發板，1 片

- Micro-USB 傳輸線，1 條

- 安裝 Ubuntu 18.04+ 或 Windows 10 x86-x64 的筆記型或 PC

TinyML 簡介

本書所有的專案都將針對**微型機器學習**，也就是 **TinyML**，提出實際的解決方案。本節將介紹什麼是 TinyML，以及它所帶來的無窮潛力。

◉ 什麼是 TinyML？

TinyML 是機器學習與嵌入式系統中的一種技術，讓智慧型應用程式可以運作於極低功率的裝置上。這種裝置的記憶體和運算能力通常都十分有限，但可以透過感測器感知周圍的實際環境並根據 ML 演算法做出的決定採取行動。

在 TinyML 中，ML 和部署平台不只是兩個獨立的實體，還需要充分了解彼此。事實上，如果沒有將目標裝置的特性納入考慮就直接設計 ML 架構的話，要部署出有效且正常運作的 TinyML 應用程式便不是那麼容易。

另一方面，如果不了解所涉及的軟體演算法，也想要設計出高能源效率的處理器來擴充這些裝置的機器學習功能也是不可能的。

本書的 TinyML 目標裝置為各種微控制器，接下來將說明為何做此選擇。

◉ 為什麼要在微控制器上使用 ML？

選擇微控制器的首要原因是它們被廣泛地應用在各種領域裡，像是汽車、消費性電子產品、廚房家電、醫療保健和電信等。如今微控制器早已無所不在，隱身於日常生活中的各種電子設備裡。

隨著**物聯網（IoT）**的興起，微控制器的市場也跟著蓬勃發展。市場研究公司 IDC[1] 於 2018 年發表的一份報告指出，全球微控制器的銷售量達 281 億個，預計將在 2023 年成長到 382 億個[2]。同一年智慧型手機和個人電腦的銷售量分別是 15 億支和 6720 萬台，可見這個數字是多麼驚人。因此，TinyML 象徵著 IoT 裝置向前邁出了重要的一步，大幅增加了能夠在區域網路執行 ML 作業之微型聯網物件的數量。

選擇微控制器的第二個理由是因為價格便宜，開發簡易且功能足以執行複雜的**深度學習（DL）**演算法。

但話說回來，為什麼不能將計算放在性能更好的雲端上呢？也就是說，為什麼需要在區域網路執行 ML？

◉ 為什麼要在區域網路執行 ML？

主要原因有三個－等待時間、耗電量和隱私性：

- 縮短延遲時間：從雲端收發資料並非那麼即時，可能會影響到一些需要在特定時間內完成反應的應用程式。

1　https://www.idc.com

2　http://www.arm.com/blogs/blueprint/tinyML

- **降低耗電量**：即使是藍牙等低功率的通訊協定，從雲端接發資料也較為耗電。

下圖為 Arduino Nano 33 BLE Sense 開發板板載元件的功耗分析，也是本書將使用的兩個微控制器開發板之一：

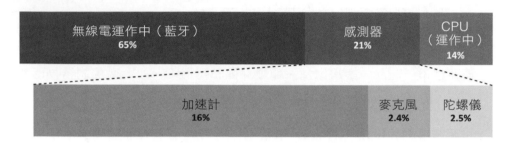

圖 1-1 Arduino Nano 33 BLE Sense 開發板功耗分析

從以上功耗分析可以看出，CPU 運算比藍牙通訊來得省電（14% 比65%），因此最好是多依賴計算並盡量減少傳輸以降低電力快速耗盡的風險。一般來說，嵌入式裝置中最耗電的元件就是無線電了。

- **隱私性**：本地端 ML 代表用戶隱私可以受到保護，避免敏感訊息外洩。

現在我們已經知道在微型裝置上使用 ML 的好處了，那麼，將 ML 帶到邊緣裝置上的機會與挑戰是什麼呢？

◉ TinyML 的發展機會與挑戰

TinyML 非常適合應用在任何無法輕易使用正規電源，而應用程式又必須盡可能地透過電池長時間運作的裝置上。

仔細想想其實不難發現，日常生活中已經充斥著應用了 ML 的電池供電裝置。例如，智慧手錶和運動手環等穿戴裝置，可以辨別人類活動以追蹤使用者的健康目標或偵測出跌倒等緊急情況。

這些日常用品為適用於所有用途的 TinyML 應用程式，因為它們可由電池供電，且需要藉由裝置中的 ML 來為感測器所獲取的資料賦予更多意義。

然而，電池供電的解決方案可不僅止於穿戴裝置。一些情況下我們可能會需要透過裝置來監控環境，例如，在森林中部署應用 ML 的電池供電裝置來偵測火災，並防止火勢的蔓延。

TinyML 有著無限可能，剛才簡單介紹的幾個例子只是一小部分。

然而，發展機會多也意味著需要面對一些嚴峻的挑戰。挑戰來自於運算能力，因為裝置多半受限於記憶體容量和處理速度。我們必須在容量僅有幾 KB 的系統上運作，而且有時候處理器還沒有浮點運算加速器。

另一方面，部署環境也可能不太友善。像是灰塵、極端氣候條件等環境因素都可能妨礙並影響應用程式的運作。

接下來的章節將介紹一些 TinyML 常見的部署環境。

◉ TinyML 的部署環境

TinyML 應用程式可以在**集中式系統**或**分散式系統**上運作。

集中式系統的應用程式不一定需要和其他裝置溝通。

關鍵字檢測是一個常見的例子。如今我們時常會透過語音與智慧型手機、相機、無人機和廚房家電溝通互動。用來喚醒智慧管家的神奇指令如 *OK Google*、*Alexa* 等便是 ML 模組在區域網路中持續運作的最佳範例。應用程式需要在不向雲端發送資料的情況下於低功率系統上運作才能維持有效性與即時性，並盡可能地不消耗電力。

通常集中式 TinyML 應用程式的目的在於觸發更多更耗電的功能，而本身不需要將任何資料送進雲端的特性也使程式可以保有隱私。

分散式系統中的裝置（即**節點**或**感測器節點**）會在區域網路中執行 ML，但也會與附近的裝置或主機溝通以實現共同的目標，如下圖：

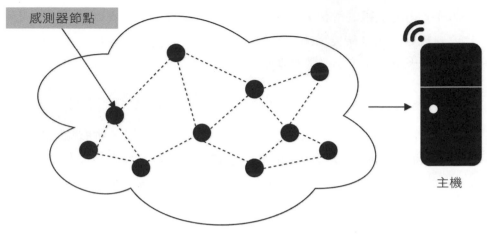

感測器節點

主機

圖 1-2　無線感測網路

因為節點是網路的一部分，且通常會經由無線技術通訊，因此也被稱為**無線感測網路（WSN）**。

儘管此情境會與傳輸資料的功耗影響形成對比，裝置會需要互相合作以建立關於作業環境具有意義且精確的認知。對一些需要全面性地理解量值的擴散狀況的應用程式來說，知道特定節點的溫度、濕度、土壤含水量以及其他物理量可能沒有太大的意義。

假設有一個可以提高農耕效率的應用程式。WSN 有助於決定農田的哪些區域需要更多或更少水，進而讓灌溉更有效率與自動化。當然啦，高效率的通訊協議對網路的壽命來說很關鍵，而 TinyML 在實現此一目標上發揮了作用。由於發送原始資料太過耗電，ML 可以先執行部分運算以減少需要傳輸的資料量和頻率。

TinyML 提供了無限可能，而 **tinyML 基金會**是找出這個快速發展的 ML 領域搭配嵌入式系統所蘊藏的無窮潛力的絕佳去處。

◎ tinyML 基金會

tinyML 基金會[3]為支持並連繫 TinyML 世界的非營利專業組織。

在 Arm、Edge Impulse、Google 和 Qualcomm 等多家公司的支持下，tinyML 基金會在全球各地發展出一個多元豐富的社群（如美國、英國、德國、義大利、奈及利亞、印度、日本、澳洲、智利和新加坡），涵蓋了硬體、軟體、系統工程師、科學家、設計師、產品經理與商業人士等各方好手。

基金會持續在網路與實體活動中推廣不同的免費計畫，以吸引各領域的專家和新手參與以鼓勵知識共享與交流，並透過 TinyML 建立一個更健康永續的世界。

> **Tips**
>
> 歡迎在不同國家／地區的 Meetup 小組清單[4]免費加入離你最近的小組[5]，並隨時了解最新的 TinyML 技術與即將舉辦的活動。

介紹完 TinyML 後，要來深入探索它的組成要素了。接下來將分析讓裝置能夠做出智慧決策的關鍵：深度學習 (DL)。

深度學習概要

ML 是微型裝置能夠做出智慧決策的關鍵。這些軟體演算法高度依賴正確的資料以學習以經驗為基礎的模式與行動。俗話說，資料就是 ML 的一切，因為它決定了應用程式的成敗。

3　www.tinyml.org

4　https://www.meetup.com

5　https://www.meetup.com/en-AU/pro/TinyML/

本書把深度學習視為機器學習的一個特殊的分支，可針對原始影像、文字或聲音等不同類型資料進行複雜的分類任務。這些演算法具有最先進的準確率，並且在一些分類問題上的表現也比人類優秀。這項技術讓聲控虛擬助理、臉部辨識系統和自動駕駛等許許多多的概念得以實現。

深度學習架構和演算法的完整討論超出了本書的範疇，但本節將彙整一些可以幫助你理解本書其他內容的一些要點。

◉ 深度神經網路

深度神經網路是由幾個學習模式的堆疊層所組成。

每一層都包含了數個神經元，即受到人腦啟發的**人工類神經網路（ANNs）**的基本計算元素。

神經元透過線性變換產生一筆輸出，即加權後的輸入總和與稱為**偏誤（bias）**的定值之相加結果，如下圖：

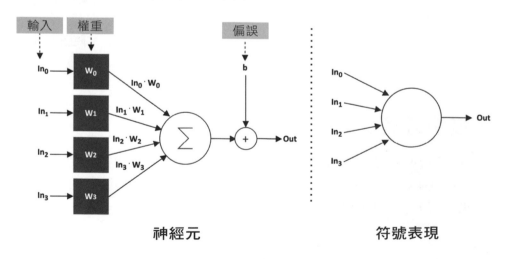

圖 **1-3** – 神經元表現

加權後總和的係數就稱為**權重（weight）**。

在迭代訓練過程後的權重和偏誤可以幫助神經元學習複雜的模式。

然而，神經元只能透過線性變換解決簡單的線性問題。因此，被稱為**觸發**的非線性函數通常會搭配神經元的輸出來幫助網路學習複雜的模式。觸發為施加於神經元輸出上的非線性函數：

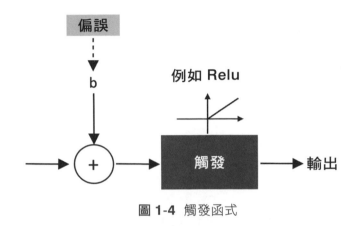

圖 1-4　觸發函式

整流線性單位函式（ReLU）為一種被廣泛採用的觸發函式，如以下程式碼所示：

```
float relu(float input) {
  return max(input, 0);
}
```

其運算的單純性讓它比其他需要更多運算資源的非線性函數，例如雙曲正切或 S 型函數等來得更受歡迎。

接下來將說明神經元是如何連接來解決複雜的視覺辨識作業。

◉ 卷積神經網路

卷積類神經網路（CNN）為專門用於視覺辨識作業的深度神經網路。

我們可把 CNN 視為由多個密集層（也就是**全連接層**）所組成的傳統**全連接神經網路**的進階版。

正如下圖，全連接網路的重要特徵之一便是每一個神經元都會與上一層的所有輸出神經元連接：

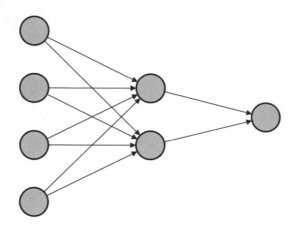

圖 1-5 全連接神經網路

不幸的是，這個方法不適合用來訓練圖像分類模型。

舉例來說，一幅大小為 320×240 的 RGB 圖像，僅僅一個神經元就會需要 230,400（320×240×3）個權重。由於網路層毫無疑問地會需要好幾個神經元來辨別複雜的問題，模型很可能因為可訓練參數的數量過多而產生**過度擬合**的問題。

在以前，資料科學家會採用特徵工程技術從圖像中擷取一組少量的優良特徵。然而，該方法在選取特徵時便遇到了瓶頸，因為它既耗時且會根據特定領域而有不同作法。

隨著 CNN 的興起，由於**卷積層**使特徵擷取成為了問題學習的一部分，視覺辨識作業得以大幅改善。

在需要處理圖像問題的前提下，並受到動物視覺皮質的生物處理程序的啟發，卷積層借用了在圖像處理中廣泛使用的卷積運算子以建立一組可學習的特徵。

卷積運算子的執行過程類似於其他圖像處理程序：於整張輸入圖像上滑動一個窗（或稱過濾器或核心），並在其權重和底層像素之間進入點乘積，如下圖：

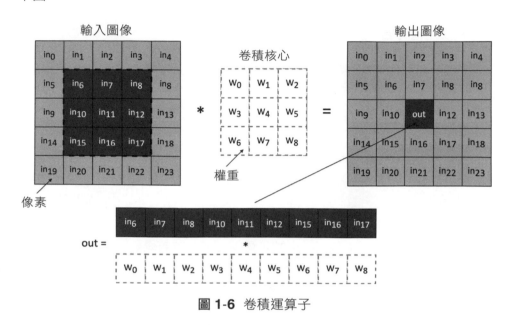

圖 1-6 卷積運算子

這個方法帶來了兩個顯著的好處：

- 無須人工介入便可自動擷取相關特徵。

- 大幅減少了每一個神經元的輸入訊號數量。

比方說，在之前的 RGB 圖像上使用 3×3 的過濾器，所需權重數量便大幅減少到只剩 27 個（3×3×3）。

如同全連接神經網路，卷積層會需要多個卷積核心以盡量學習更多特徵。因此，卷積層的輸出通常會是一組圖像（**特徵圖**），保存在稱為**張量**的多維記憶體物件中。

在為視覺辨識作業設計 CNN 時，通常會在網路的末端配置全連接層以執行預測。由於卷積層的輸出是一組圖像，通常我們會採用分階抽樣策略以減少透過網路傳輸的訊息量，並且在送入全連接層時降低過度擬合的風險。

常見的分階抽樣方法有兩種：

- 跳過某些輸入像素的卷積運算子。這麼一來卷積層輸出的空間維度便會少於輸入。

- 使用**池化層**等分階抽樣函式。

下圖為常見的 CNN 架構，其中池化層降低了空間維度，而全連接層負責執行分類：

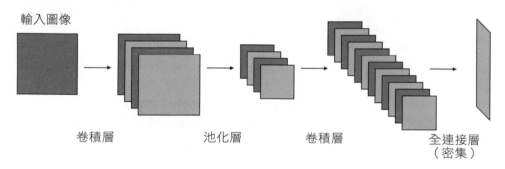

輸入圖像

卷積層　　　　　池化層　　　　卷積層　　　全連接層（密集）

圖 1-7 常見 CNN 架構，使用池化層以降低空間維度

模型大小是在為 TinyML 部署 DL 網路時需要考慮的關鍵之一，也就是保存權重所需的記憶體容量。

由於這些迷你平台的記憶體有限，因此模組需要盡量簡潔小巧才能裝進目標裝置中。

然而，記憶體限制並不是在微控制器上部署模型時可能會遇到的唯一難題。儘管經過訓練的模型一般會以浮點精度進行算術運算，但微控制器的 CPU 無法為其提供硬體加速。

因此，**量化**便是克服上述限制不可或缺的一項技術。

◉ 量化

量化是指在較低位元精度上執行神經網路計算的過程。這項廣泛地被使用在微控制器上的技術會在訓練後執行，並將 32 位元浮點數權重轉換為 8 位元的整數值。此技術可以將模型大小縮小 4 倍，並顯著地改善延遲時間但同時又能儘量保有原本的準確率。

DL 對於能否做出智慧決策的應用程式來說至關重要。然而，對以電池供電的應用程式來說，最關鍵的還是低功率裝置。截至目前為止，我們只是很籠統地提到了功率和能量，但接下來讓我們來好好地認識一下各自所代表的真正含義。

認識功率與能量的差異

功率大小對 TinyML 來說很重要，而我們的目標是**毫瓦（mW）**或更低，這意味著它的效率會比傳統桌上型機器好上數千倍。

雖然在一些情況下可能會使用太陽能板等**獵能（energy harvesting）**方案，但由於成本和尺寸的關係，未必可行。

話說回來，功率和能量究竟是什麼？我們就從控制電路的基本物理量來理解這兩個專有名詞吧！

◉ 電壓與電流

電流讓電路得以運作，它是在特定時間內通過導體表面 A 的電荷流動，如下圖：

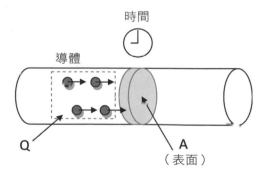

圖 1-8 電流為在特定時間內通過表面 A 的電荷流動

電流的定義如下：

$$I = \frac{Q}{t}$$

公式說明如下：

- I：電流，單位為**安培（A）**
- Q：特定時間內通過表面 A 的電荷，單位為**庫倫（C）**
- t：時間，單位為**秒（s）**

電流在滿足以下條件時會於電路中流動：

- 具有可以讓電荷流動的導電材料（像是銅線）
- 一條無中斷，可以讓電流連續流動的閉合電路
- 具有潛在的電位差，即**電壓**，定義如下：

$$V = V^+ - V^-$$

電壓的單位是**伏特（V）**，會產生電場讓電荷在電路中流動。USB 連接埠和電池都是一種電位差。

下圖為電源的符號表示：

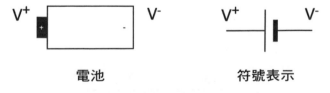

圖 1-9　電池的符號表示

為了避免一直看到 V+ 和 V-，按照慣例在此將電池的負極定義為 **0 V（GND）**。

歐姆定律涉及了電壓和電流，透過以下公式可知通過導體的電流會與電阻上的電壓成正比：

電阻是一種用來降低電流的電子元件。此元件具有以歐姆為單位的阻抗，標示為字母 R。

電阻的符號表示如下：

電阻　　　　　　　　　**符號表示**

圖 1-10　電阻的符號表示

（https://openclipart.org/detail/276048/47k-ohm-resistor）

電阻是所有電路必不可少的重要元件之一，本書所使用的電阻會透過元件上的色碼來顯示其電阻值。標準電阻可能有 4、5 甚至 6 條色碼，其顏色代表了電阻值，如下圖：

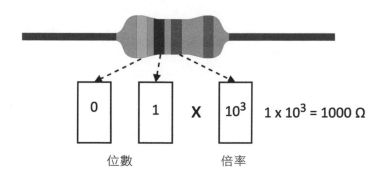

圖 1-11　一個有 4 條色碼的電阻

你可以利用 Digi-Key 輕鬆解讀這些色碼的意思：

https://www.digikey.com/en/resources/conversion-calculators/
conversion-calculator-resistor-color-code

了解控制電路的主要物理量後，就可以來認識功率與能量之間的區別了。

◉ 功率與能量

有時候功率和能量這兩個名詞會互換使用，因為我們覺得兩者彼此相關，但事實上它們指的是不同的物理量。能量是做功的能力（例如移動物體），而功率是消耗能量的速度。

實際上功率可以告訴我們電池消耗的速度有多快，因此高功率表示電池放電的速度快。

功率和能量，電壓和電流的關係如下：

$$P = V \cdot I$$
$$E = P \cdot T$$

功率與能量公式中的物理量說明如下：

物理量	單位	意義
P	瓦特（W）	功率
E	焦耳（J）	能量
V	伏特（V）	供應電壓
I	安培（A）	消耗電流
T	秒（s）	運轉時間

圖 1-12　功率與能量公式中的物理量表

微控制器的電壓大概只有幾伏特（例如 3.3V），而消耗電流大概是幾**微安培（µA）**或**毫安培（mA）**左右。出於這個原因，使用的功率通常會是**微瓦（µW）**或**毫瓦（mW）**，而能量為**微焦耳（µJ）**或**毫焦耳（mJ）**。

來看看以下問題以加強對功率和能量的認識。

假設有一個處理作業，而我們可以選擇在兩個不同的處理器上執行。這兩個處理器的功耗如下：

運算單元	功耗
PU1	12
PU2	3

圖 **1-13** 兩個具有不同功耗的處理器

你會選擇哪一個處理器呢？

儘管 PU1 的功耗比 PU2 高（4 倍），但並不表示 PU1 的能效較差。相反地，PU1 的運算性能可能較 PU2 更好（像是 8 倍），讓 PU1 就能量而言成為最好的選擇，如以下公式所示：

$$E_{PU1} = 12 \cdot T_1$$

$$E_{PU2} = 3 \cdot T_2 = 3 \cdot 8 \cdot T_1 = 24 \cdot T_1$$

從以上例子可以得知 PU1 是比較好的選擇，因為它在相同的作業量之下所需的耗電量更少。

通常我們會用每瓦的 **OPS（每瓦的性能功耗比）** 將功耗與處理器的運算資源綁在一起。

微控制器的程式設計

微控制器（microcontroller），簡稱 **MCU**，是一台功能完整的電腦，因為它有處理器（現已實現多核心）、記憶體系統（RAM 或 ROM 等）以及多種週邊。與一般電腦不同的是，**微控制器** 可以完整容納於機體晶片上，且功耗與價格都非常低。

常常有人將微控制器與微處理器搞混，但兩者其實是完全不同的裝置。相較於微控制器，**微處理器** 只有處理器會整合在晶片上，而需要外接記憶體和其他元件才能組成一個完整的電腦。

下圖總結了微處理器與微控制器的主要差異：

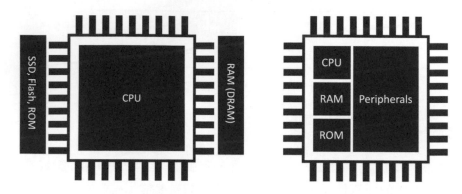

圖 1-14　微處理器（左）與微控制器（右）

你的目標應用程式會影響架構設計的選擇，這對所有處理器來說都一樣。

例如，微處理器通常用於以下類型的作業：

- 動態作業（像是根據使用者的互動或時間而變化）

- 一般用途

- 密集運算

而微控制器處理的狀況完全不同，以下將介紹一些較為關鍵的情境：

- 單一目的且需不斷重複的作業：

  相較於微處理器的應用，這些作業多半用途單一且需不斷重複，這樣微控器便不需要滿足嚴格的可再程式性。通常微控制器應用程式的運算密集度會低於微處理器，且不需要頻繁地與使用者互動，但可以與環境或其他裝置互動。

  恆溫器便是一個很好的例子。裝置只需要定期監測溫度並通知加熱系統就好。

- 可設定時間限制：

  在一段時間內須完成某項指定作業。這項要求是**即時應用（RTA）**的特點，如果超出時間限制便可能影響服務品質（*軟即時*）或產生危險（*硬即時*）。

  汽車安全系統（ABS）是常見的硬即時範例，因為電子系統必須在一定時間內做出反應以防止急煞時車輪被鎖死。

  在構建有效的 RTA 時會需要可預測等待時間的裝置，因此所有硬體（CPU、記憶體、中斷處理器等）都必須在精準的時脈週期內做出反應。供應商提供的商品規格表中通常都會以時脈週期為單位來標明等待時間。

  時間限制會讓一般用途的微處理器在架構設計上做出調整或有所限制。

  記憶體管理單元（MMU）是常見的例子，它主要用於轉換虛擬的記憶體位置，通常不存在於微控制器的 CPU 中。

- 受限於低功耗：

  應用程式可以存在於僅以電池供電的環境中，因此微控制器必須是低功耗才能延長使用壽命。

  根據時間限制，功耗也會讓架構設計與微處理器有些不同。

  先不論硬體的細節，基本上所有晶片外部元件都會讓晶片的功率效率變差。這也是為什麼微控制器要將 RAM 和類似硬碟的 ROM 整合在晶片裡。

  通常微控制器的時脈頻率也低於微處理器，才能降低耗電量。

- 受限於實際尺寸：

  微控制器可以被安裝在尺寸較小的產品中。由於微控制器是存在於晶片中的電腦，因此非常適合這種情形。微控制器的封裝尺寸相當多元，但大小通常在幾平方毫米以內。

2018 年，密西根大學的工程團隊開發出「全世界最小的電腦」，可用於偵測體內細胞溫度，大小僅 0.3 毫米但內含一個由 Arm Cortex M0+ 處理器和無電池感測器系統供電的微控制器[6]。

• 受限於成本：

所有應用都需考慮成本，透過將 CPU、記憶體和週邊設備全都整合進一顆微小的晶片裡，微控制器便比微處理器來的更加經濟實惠。

下表總結了上述的討論，方便之後參考：

特徵	微處理器	微控制器
特徵	微處理器	微控制器
應用	廣泛	單一
CPU 算術	可以執行浮點或雙精度等繁重的運算	以整數運算為主
RAM	數 GB	幾百 KB
ROM（或硬碟）	GB 或 TB	KB 或 MB
時脈頻率	GHz	MHz
消耗電力	瓦	毫瓦或以下
作業系統	必須	非必須
成本	幾十到幾百美金不等	幾分（低階）到幾美元（高端）不等

圖 1-15 微處理器與微控制器比較表

接下來要分析記憶體架構與內部週邊設備，帶你更深入探討微控制器架構。

---

6 https://news.umich.edu/u-m-researchers-create-worlds-smallest-computer

◉ 記憶體架構

微控制器是以 CPU 為基礎的嵌入式系統，也就是說 CPU 會負責與其他所有附屬元件溝通互動。

在程式執行期間，所有 CPU 都需要用到記憶體來讀取指令並儲存或讀取變數。

就微控制器而言，指令與資料各自會使用兩個不同的記憶體：

- **程式記憶體（ROM）**

  這是為程式的執行而保留的不變性且僅供讀取的記憶體。雖然它的主要目標是存放程式，但也可以保存常數資料。也因此程式記憶體有些類似於一般的電腦硬碟。

- **資料記憶體（RAM）**

  這是為保存 / 讀取臨時資料而保留的揮發性記憶體。因為是 RAM，因此在系統關閉之後便會失去其中內容。

由於程式和資料記憶體在功能上是相反的，我們通常會採用不同的半導體技術。尤其是用於程式記憶體的快閃技術，以及用於資料記憶體的**靜態隨機存取記憶體（SRAM）**。

快閃記憶體具非揮發性、功耗低但速度通常比 SRAM 慢。但由於成本較 SRAM 低，因此比較容易找到比資料記憶體容量更大的程式記憶體。

既然知道了程式和資料記憶體的差別，*應該要將深度神經網路模型的權重放在哪裡比較好呢？*

這個問題的答案取決於模型是否有固定權重。如果權重是固定的，且在推論過程中不會改變，那麼將它們儲存在程式記憶體中會更有效率，原因如下：

- 程式記憶體的容量大於 SRAM。

- 可以減少 SRAM 的記憶體壓力，因為其他函式會需要儲存變數或在執行時會需要儲存大量資料。

提醒你，微控制器的記憶體資源有限，因此這些決定都會對記憶效率產生影響。

◉ 週邊

微控制器提供了額外的板載功能來做到更多事情，也因此讓這些微型電腦都各自有其特殊性。這些功能被稱為**週邊**，由於可以整合感測器和其他外部元件，因此非常重要。

每一個週邊都有其特殊功用，並搭配一個積體電路的金屬接腳（**引腳**）。

你可以透過微控制器規格表中的**週邊腳位配置**了解每個腳位的功能。不過，一般廠牌都會從左上角開始以逆時針方向為引腳編號，並以圓點標記起始點以方便辨識，如下圖：

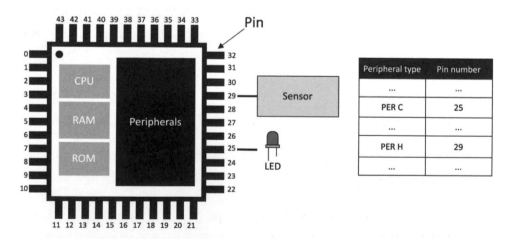

圖 1-16　腳位配置。從左上角開始以逆時針方向編號，並以圓點標記起始點

週邊設備種類繁多，但為求簡單明瞭，大致上可以將它們分為四大類。

通用輸入／輸出（GPIO 或 IO）

GPIO 沒有預設或固定的使用目的。它們的主要功能是提供或讀取二進位訊號，這些訊號在本質上只能處於兩種明確的狀態：**高（1）**或**低（0）**。下圖為一個二進位訊號的範例：

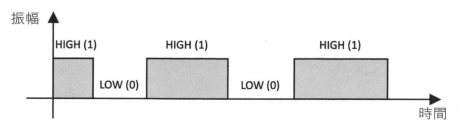

圖 1-17 二進位訊號只能處於兩種狀態：高（1）或低（0）

GPIO 常見的用法如下：

- 控制 LED 亮暗

- 偵測按鈕是否被按下

- 實作如 VGA 等複雜的數位介面／協定

GPIO 週邊的用途廣泛，原則上適用於所有的微控制器。

類比／數位轉換器

在 TinyML 的世界中，應用程式可能會需要處理一些會隨著時間變化的物理量，例如圖像、聲音和溫度。

無論這些物理量是什麼，**感測器**都會將它們轉換成微控制器可解讀的**連續電子訊號**。這些電子訊號可以是電壓或電流，通常被稱為**類比訊號**。

而微控制器需要將這些類比訊號轉換成數位訊號好讓 CPU 可以處理資料。

類比／數位轉換器便是這兩個世界之間的翻譯機。

類比 / 數位轉換器（ADC）會定期抽樣類比訊號，並將電子訊號轉換成數位格式。

而**數位 / 類比轉換器（DAC）**的功能則是完全相反，它會將內部的數位格式轉換成類比訊號。

序列通訊

通訊週邊可以整合標準通訊協定以控制外部元件。**I2C**、**SPI**、**UART** 和 **USB** 都是可用於微控制器的常見序列通訊週邊。

計時器

相較於剛才討論過的週邊，**計時器**並不會與外部元件整合，因為它是用來觸發或是同步事件。

本節概述了 TinyML 的組成要素，熟悉了專有名詞與一般概念之後，接著要開始介紹本書所使用的開發平台。

認識 Arduino Nano 33 BLE Sense 與 RPi Pico

微控制器開發板是一種**印刷電路板（PCB）**，為求方便使用，它將微控制器與所需的電子電路結合在一起。在一些特殊情況下，微控制器開發板可以針對特定的終端應用再整合其他裝置。

本書將使用 Arduino Nano 33 BLE Sense（簡稱 Arduino Nano）和 Raspberry Pico 兩種開發板。

由 Arduino[7] 設計開發的 **Arduino Nano** 是一款結合了由 Arm Cortex-M4 處理器驅動之微控制器（**nRF52840**）與多個感測器以及藍牙通訊功能的開發板，可以讓使用者輕鬆開發 TinyML 應用。用 Arduino Nano 板開發時，因

---

7   https://www.arduino.cc

為大部分的元件都已經整合在開發板上，所以只需要再準備一些外部元件即可。

由 Raspberry Pi 基金會[8]設計開發的 **Raspberry Pi Pico** 沒有將感測器和藍牙模組整合在開發板上。儘管如此，它有一顆由雙核 Arm Cortex-M0+ 處理器驅動的微控制器（**RP2040**），適用於較為特殊且功能強大的 TinyML 應用程式。因此，這片開發板非常適合用來學習如何整合外部感測器以及建立電子電路。

下圖比較了兩片開發板，方便我們了解之間的不同：

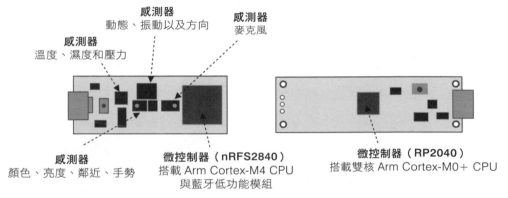

感測器
動態、振動以及方向

感測器
麥克風

感測器
溫度、濕度和壓力

感測器
顏色、亮度、鄰近、手勢

微控制器（nRFS2840）
搭載 Arm Cortex-M4 CPU
與藍牙低功能模組

微控制器（RP2040）
搭載雙核 Arm Cortex-M0+ CPU

Arduino Nano 33 BLE sense
程式記憶體：Arm Cortex-M4 64MHz
程式記憶體：1MB
資料記憶體：256KB
開發板尺寸：45×18mm
售價：$31.10

Raspberry Pi Pico
程式記憶體：Dual core Arm Cortex-M0+ 133MHz
程式記憶體：2MB
資料記憶體：264KB
開發板尺寸：51.3×21mm
售價：$4

圖 1-18 Arduino Nano 33 BLE Sense 與 Raspberry Pi Pico

從比較表中可以看出，兩片開發板的尺寸都非常小，具備可供電 / 燒錄程式的 USB 埠以及基於 Arm 架構的微控制器。同時，各自又具有獨特的功能來應付不同的 TinyML 開發情境。

---

8 https://www.raspberrypi.org

設定 Arduino Web Editor、TensorFlow 和 Edge Impulse

開發 TinyML 會用到不同的軟體工具來處理 ML 作業和嵌入式程式設計。感謝 Arduino、Edge Impulse 和 Google，本書大多數的開發工具多半是網頁版軟體，只需要簡單幾個步驟即可配置完成。

本節將逐一介紹這些工具，以及如何準備用來編寫以及上傳程式到 Arduino Nano 和 Raspberry Pi 的 Arduino 開發環境。

◉ Arduino Web Editor 之事前準備

Arduino Integrated Development Environment（Arduino IDE）是一款由 Arduino[9] 開發的軟體應用程式，用於編碼與上傳程式碼到 Arduino 相容的開發板上。Arduino 的程式設計師多半把用 C++ 編寫的程式碼稱為**草稿碼**。

Arduino IDE 讓沒有嵌入式程式設計背景的人也可以輕鬆地開發軟體。事實上，此工具隱藏了平時在處理嵌入式平台時可能遇到的所有複雜情況，像是交叉編譯和裝置程式設計等等。

Arduino 同時也提供了一個網頁版的 IDE[10]，即 **Arduino Web Editor**，它讓可程式性變得更加簡單，因為使用者可以直接從網頁開發、編譯與上傳程式碼到微控制器。本書介紹的所有 Arduino 專案都可以在此雲端環境下進行。不過，由於 Arduino Web Editor 的免費方案一天只有 200 秒的編譯時間，你也可以考慮升級到付費方案或使用免費的 Arduino IDE 下載版以解除編譯時間的限制。

---

9 https://www.arduino.cc/en/software
10 https://create.arduino.cc/editor

> **Note**
>
> 後續章節將輪流使用 Arduino IDE 和 Arduino Web Editor。

◉ TensorFlow 之事前準備

TensorFlow[11] 是 Google 為 ML 應用所開發的端對端免費開源軟體平台。我們將在 *Google Colaboratory* 中的 *Python* 環境下使用此軟體以開發並訓練 *ML* 模型。

Colaboratory[12]，簡稱 **Colab**，是一款免費的 Python 開發環境，透過 Google Cloud 於網頁上運作。它有點類似 **Jupyter Notebook**，但本質上有些不同：

- 無須安裝
- 為 Google 管理的雲端式軟體
- 預先安裝了許多 Python 函式庫（包括 TensorFlow）
- 與 Google Drive 整合
- 可免費存取 GPU 和 TPU 的共享資源
- 易於分享（透過 GitHub 即可取得）

這麼一來，我們其實不需要安裝 TensorFlow，因為 Colab 已經裝好了。

在 Colab 中，建議於 **Runtime** 頁啟用 GPU 加速以提高在 TensorFlow 的運算速度。為此，請至 **Runtime | Change runtime type** 頁面，並從 **Hardware accelerator** 下拉式選單中選取 **GPU**，如下圖：

---

11 https://www.tensorflow.org
12 https://colab.research.google.com/notebooks

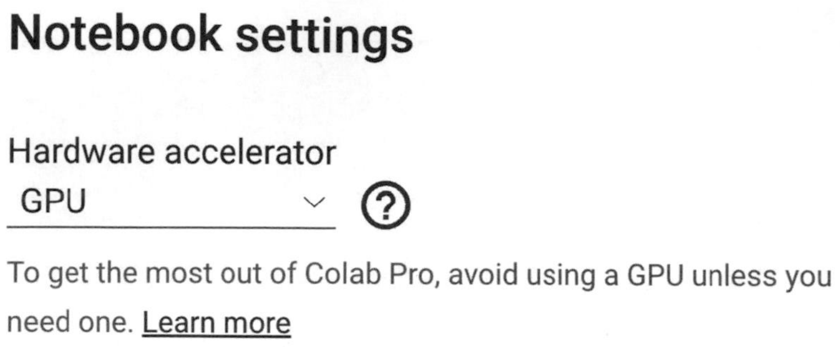

Notebook settings

Hardware accelerator

GPU   ⌄   ⑦

To get the most out of Colab Pro, avoid using a GPU unless you
need one. Learn more

圖 1-19 從 Runtime｜Change runtime type 頁面啟動 GPU 加速

由於 GPU 加速是與其他使用者共享的資源，因此 Colab 免費方案的存取權
限也是有限的。

Tips

訂閱 Colab Pro [13] 就能使用最高規格的 GPU。

TensorFlow 不是我們唯一會用到的 Google 工具。事實上，一旦生成了
ML 模型就會需要用在微控制器上。也因此 Google 為微控制器開發了
TensorFlow Lite。

TensorFlow Lite for Microcontrollers[14]，簡稱 **TFLu**，是在低功率微控制
器上實現 ML 應用程式的關鍵軟體函式庫。它屬於 TensorFlow 的一部分，
可以讓 DL 模型在容量僅有幾 KB 的裝置上執行。此函式庫的程式語言為
C/C++，不需要作業系統和記憶體動態分配。

TFLu 一樣不需要安裝，因為已包含在 Arduino Web Editor 中。

---

13 https://colab.research.google.com
14 https://www.tensorflow.org/lite/microcontrollers

◎ Edge Impulse 之事前準備

Edge Impulse[15] 是一款端對端的 ML 開發軟體平台。它完全免費，而且幾分鐘之內就可以完成一個能夠在微控制器上執行的 ML 模型。而且此平台還整合了以下工具：

- 感測器資料擷取
- 於輸入資料使用數位訊號處理常式
- 建立與訓練 ML 模型
- 測試 ML 模型
- 於微控制器部署 ML 模型
- 為使用案例找出最適合的訊號處理區塊和 ML 模型

Info

這些工具皆可透過開放 API 存取。

開發者只需要在網站上註冊即可從使用者介面存取所有功能。

◎ 實作步驟

Arduino Web Editor 的設定步驟如下：

1. 註冊 Arduino：`https://auth.arduino.cc/register`

2. 登入 Arduino Web Editor：`https://create.arduino.cc/editor`

3. 按照安裝步驟安裝 Arduino agent：`https://create.arduino.cc/getting-started/plugin/welcome`

---

15 `https://www.edgeimpulse.com`

4. 安裝 Raspberry Pi Pico SDK：

- *Windows*：

i.   下載 pico-setup-windows 檔案：

https://github.com/ndabas/pico-setup-windows/releases

ii. 安裝 pico-setup-installer

- *Linux*：

i.   打開終端機

ii. 建立一個臨時資料夾：

```
$ mkdir tmp pico
```

iii. 將目錄改成此臨時資料夾：

```
$ cd tmp pico
```

iv. 使用 wget 下載 Pico 安裝腳本：

```
$ wget wget https://raw.githubusercontent.com/
raspberrypi/pico-setup/master/pico setup.sh
```

v.   將檔案變更為可執行：

```
$ chmod +x pico setup.sh
```

vi. 執行腳本：

```
$ ./pico setup.sh
```

vii. 將 $USER 加入 dialout 群組中：

```
$ sudo usermod -a -G dialout $USER
```

5. 檢查 Arduino Web Editor 與 Arduino Nano 連線是否正常：

　　i.　於瀏覽器開啟 Arduino Web Editor。

　　ii.　用 micro USB 線將 Arduino Nano 開發板接上筆記型／桌上型電腦。

編輯器辨識出開發板後，會在硬體清單中顯示 **Arduino Nano 33 BLE** 及其連接埠名稱（例如，**/dev/ttyACM0**）：

圖 1-20 Arduino Web Editor 與 Arduino Nano 連線正常時會顯示的訊息

6. 檢查 Arduino Web Editor 與 Raspberry Pi Pico 連線是否正常：

　　i.　於瀏覽器開啟 Arduino Web Editor

　　ii.　用 micro USB 線將 Raspberry Pi Pico 開發板接上筆記型／桌上型電腦。

編輯器辨識出開發板後，會在硬體清單中顯示 **Raspberry Pi Pico** 及其連接埠名稱（例如，**/dev/ttyACM0**）：

圖 1-21 Arduino Web Editor 與 Raspberry Pi Pico 連線正常時會顯示的訊息

現在，開發專案需要的工具都已準備好了。在結束本章之前，先在 Arduino Nano 和 Raspberry Pi Pico 上測試一個簡單的範例，以正式開啟 TinyML 的探索之旅。

於 Arduino Nano 和 RPi Pico 上執行草稿碼

此專案將示範如何使用 Arduino Web Editor 預建的 **Blink** 範例讓 Arduino Nano 和 Raspberry Pi Pico 的 LED 燈閃爍。

這個 "Hello World" 程式透過 GPIO 週邊來控制 LED 閃爍的小程式，但也正是由此開啟了所有的可能性。

本範例的目的在於熟悉 Arduino Web Editor，並幫助你了解如何使用 Arduino 開發程式。

◉ 事前準備

Arduino 草稿碼中有兩個函式，setup() 和 loop()，如以下程式碼區塊所示：

```
void setup() {
}
void loop() {
}
```

當按下重置鍵或啟動開發板後，程式所執行的第一個函式即為 setup()。此函式只會被執行一次，且通常負責初始化變數及週邊。

執行完 setup() 後，程式會執行 loop()，此函式會一直重複下去，如下圖：

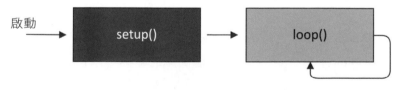

圖 1-22 程式結構圖

所有 Arduino 程式都需要這兩個函式。

◎ 實作步驟

以下步驟適用於 Arduino Nano、Raspberry Pi Pico 以及其他適用 Arduino Web Editor 的開發板：

1. 用 micro USB 線將裝置接上筆電或桌電，並檢查裝置和連接埠名稱是否出現在 Arduino IDE 上。

2. 點擊左方選單的 **Examples**，從跳出的新選單中選擇 **BUILT IN**，接著點擊 **Blink** 來開啟預設的 **Blink** 範例，如下圖：

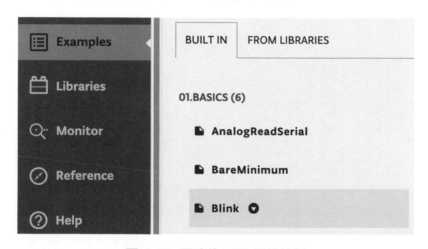

圖 **1-23** 預建的 LED 閃爍範例

點擊 **Blink** 草稿碼後，程式碼便會出現在編輯區中。

3. 點擊橫幅下拉式清單左邊的箭頭，將程式編譯與上傳到目標裝置中，如下圖：

圖 **1-24** 點擊橫幅下拉清單旁的箭頭，即可編譯並將程式燒錄進目標裝置中

輸出記錄會在頁面底部顯示 **Done** 訊息，並讓開發板的 LED 燈開始閃爍。

## CHAPTER 2

用微控制器開發原型

在微控制器上部署**機器學習（ML）**是件很酷的事，因為我們開發出來的東西不僅會存在於電腦之中，它還可以賦予周遭許多事物生命。因此，在進入 ML 的世界之前，先讓我們分別從軟體和硬體的角度看看如何在微控制器上建立基礎應用程式吧。

本章將處理程式碼除錯，並學習如何將資料傳到 Arduino 的序列埠監控視窗。接著會介紹如何用 **Arm Mbed API** 編寫 **GPIO** 週邊的程式碼，以及使用免焊麵包板連接 **LED** 和**按鈕**等外部元件。本章最後還會介紹如何用電池為 Arduino Nano 和 Raspberry Pi Pico 供電。

本章的目標為學習與以下主題相關的微控制器程式設計基礎。

本章主題如下：

- 基本程式碼除錯
- 於麵包板實作 LED 狀態指示燈
- 用 GPIO 腳位控制外接 LED

- 用按鈕開關控制 LED
- 利用中斷讀取按鈕狀態
- 用電池為微控制器供電

技術需求

本章所有實作範例所需項目如下：

- Arduino Nano 33 BLE Sense 開發板，1 片
- Raspberry Pi Pico 開發板，1 片
- Micro-USB 傳輸線，1 條
- ½ 尺寸免焊麵包板（30 列 ×10 排），1 片
- 紅色 LED 燈，1 顆
- 220 Ω 電阻，1 顆
- 3 槽 AA 電池座，1 個（僅用於 Raspberry Pi Pico）
- 4 槽 AA 電池座，1 個（僅用於 Arduino Nano）
- AA 電池，4 顆
- 按鈕開關，1 個
- 跳線，5 條
- 安裝 Ubuntu 18.04+ 或 Windows 10 x86-x64 的筆記型或 PC

本章程式原始碼與相關檔案請由本書 Github 的 Chapter02 資料夾取得：

```
https://github.com/PacktPublishing/TinyML-Cookbook/tree/main/
Chapter02
```

基本程式碼除錯

除錯是指在軟體開發中為發現程式碼是否存在錯誤的一種基本程序。

本專案將示範如何在 Arduino Nano 與 Raspberry Pi Pico 上進行**列印除錯**，作法是將以下字串發送到序列終端視窗：

- Initialization completed：完成序列埠初始化後列印

- Executed：每兩秒列印一次

本專案的 Arduino 草稿碼請由此取得：

- 01_printf.ino:

  https://github.com/PacktPublishing/TinyML-Cookbook/blob/main/

  Chapter02/ArduinoSketches/01_printf.ino

◉ 事前準備

任何程式都有可能出錯，而列印除錯是一個在輸出終端視窗中顯示相關敘述的簡易程序，好讓我們更了解程式的執行狀況，如以下程式碼所示：

```
int func (int func_type, int a) {
  int ret_val = 0;
  switch(func_type){
    case 0:
      printf("FUNC0\n");
      ret_val = func0(a);
      break;
    default:
      printf("FUNC1\n");
      ret_val = func1(a);
  }
  return ret_val;
}
```

第一個專案的事前準備只需要知道微控制器是如何在序列終端上傳送訊息就可以了。

Arduino 的程式語言提供了一個類似 printf() 的函式，即 Serial.print() 函式。

這個函式可以透過一般稱為 **UART** 或 **USART** 的序列埠將字元、數字甚至二進位資料從微控制器開發板傳到電腦。請由以下取得輸入引數的完整清單：

https://www.arduino.cc/reference/en/language/functions/
communication/serial/print/

◎ 實作步驟

> **Note**
>
> 本專案的程式碼適用於 Arduino Nano 和 Raspberry Pi Pico。Arduino IDE 會根據於下拉式選單中所選的平台來編譯程式碼。

開打 Arduino IDE，從最左邊的選單（**EDITOR**）中選取 **Sketchbook**，點選 **NEW SKETCH** 來新增專案，如下圖：

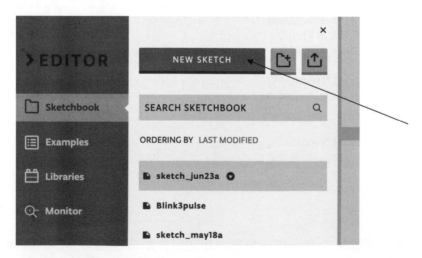

圖 2-1 點選 NEW SKETCH 來新增專案

第 1 章提到過，所有 Arduino 專案都需要一個含有 setup() 和 loop() 函式的
檔案。

以下步驟將說明在這些函式中寫入哪些程式碼來實作列印除錯：

1. 於 setup() 函式中初始化 UART 的鮑率，並等待週邊開啟：

```
void setup() {
  Serial.begin(9600);
  while (!Serial);
```

相較於標準 C 語言函式庫的 printf 函式，Serial.print() 函式需要在
傳輸資料前先初始化。因此，要使用以鮑率作為輸入引數的 Serial.
begin() 函式來初始化週邊。鮑率為資料每秒可傳輸位元的速率，在此
為 9600 bps。

不過，週邊初始化完成後還不能立即使用，需要等它準備好傳輸才
行。使用 while(!Serial) 以等待序列通訊開啟。

2. 在 setup() 函式中，在 Serial.begin() 之後列印 Initialization
    completed：

```
  Serial.print("Initialization completed\n");
}
```

透過 Serial.print("Initialization completed\n") 上傳
Initialization completed 字串來回報初始化完成。

3. 於 loop() 函式中每兩秒列印一次 Executed 訊息：

```
void loop() {
  delay(2000);
  Serial.print("Executed\n");
}
```

由於程式會反覆呼叫 loop() 函式，因此使用 Arduino 的 delay() 函式
將程式暫停 2 秒。delay() 函式可接受以毫秒（1 秒 = 1000 毫秒）為單
位的時間量作為輸入引數。

現在,請檢查裝置是否已確實地透過 micro-USB 線接上電腦。

如果裝置辨識成功,請從 **Editor** 選單中的 **Monitor** 打開序列埠監控視窗。由此可以看到微控制器藉由 UART 週邊傳過來的任何資料。不過,在開始通訊之前,請確保序列埠監控視窗的鮑率跟微控制器週邊是一致的,也就是 9600,如下圖:

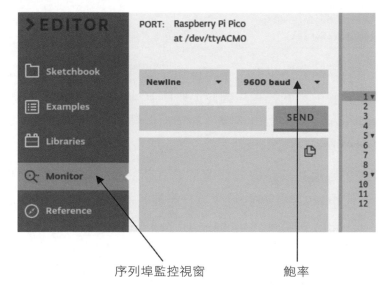

序列埠監控視窗　　　　　　鮑率

圖 2-2 序列埠監控視窗的鮑率須與 UART 週邊一致

開啟序列埠監控視窗,點擊裝置清單旁的箭頭以編譯並上傳程式碼至開發板。草稿碼上傳完畢後,序列埠監控視窗會顯示 **Initialization completed** 和 **Executed** 訊息,如下圖:

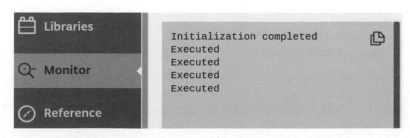

圖 2-3 出現在序列埠監控視窗上的輸出結果

從序列埠監控視窗的輸出結果可以看到，**Initialization completed** 只出現了一次，因為程式只會在啟動時呼叫 setup() 函式。

◎ 補充

列印除錯是一種簡單的除錯方法，但隨著軟體複雜度的增加，以下一些致命的缺點便會跟著浮出檯面：

- 每一次加入或移除 Serial. print() 都需要重新編譯並上傳至開發板。

- Serial.print() 會佔用一定程度的程式記憶體。

- 顯示資訊時也可能出錯（例如，使用 print 來顯示一個實際上是有號的無號 int 型態變數）。

礙於篇幅，本書無法介紹其他更進階的除錯方法，但建議你可以參考看看**序列除錯（SWD）**以減少除錯的痛苦[1]。SWD 是一種幾乎適用於所有 Arm Cortex 處理器的 Arm 除錯協定，可燒錄至微控制器、逐一檢查程式碼、加入斷點等，而且只需要兩條電線就可以執行。

於麵包板實作 LED 狀態指示燈

透過微控制器，我們得以和周遭的世界互動。例如，藉由感測器取得資料或做出開關 LED、觸發致動器等實際行動。

本專案將示範如何在麵包板上建立電路並聯接外部元件與微控制器：

---

1 https://developer.arm.com/architectures/cpu-architecture/debug-visibility-and-trace/coresight-architecture/serial-wire-debug

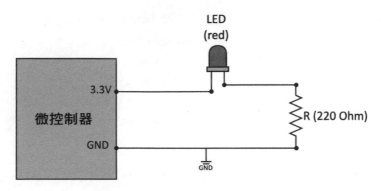

圖 2-4 LED 電源狀態指示燈的電路

上述電路使用紅色 LED 來顯示微控制器是否通電。

◉ 事前準備

在將外部元件接上微控制器時，實際上是真的要將兩個或多個金屬接點接在一起。雖然我們大可把它們焊接起來，但在開發原型時多半不會這麼做，因為它既耗時又有一定的操作難度。

因此，**事前準備**階段會提供一種不需要焊接的替代方案以輕鬆地連接元件。由於微控制器腳位之間的間距很小，要直接將元件接上去很不容易。拿 RP2040 微控制器來說好了，腳位間距大概只有 0.5mm，因為整個晶片的大小就只有 7×7mm。由於多數終端的電線可以有 1mm 這麼粗，基本上不可能將任何元件直接接上去。

基於這個原因，開發板提供了間距較大的腳位作為替代，也就是預先於 Arduino Nano 和 Raspberry Pi Pico 開發板邊緣鑽好的兩排孔洞。

請參考微控制器開發板的規格表以了解這些接點所對應的微控制器腳位。硬體供應商通常會提供腳位和功能的示意圖。

請由以下連結取得 Arduino Nano 和 Raspberry Pi Pico 的腳位圖：

- **Arduino Nano：**

  https://content.arduino.cc/assets/Pinout-NANOsense_latest.pdf

- **Rasberry Pi Pico：**

  https://datasheets.raspberrypi.org/pico/Pico-R3-A4-Pinout.pdf

這些預先鑽好的孔洞間距通常是 2.54 mm，我們可以將接頭焊接在上面來插上電子元件。

排針接頭有公（排針）母（排座）之分，如下圖：

公連接器（排針）   母連接器（排座）

圖 2-5 公母連接器

（圖片取自 https://en.wikipedia.org/wiki/Pin_header）

Important Note

若你不熟悉焊接或想要直接開工，建議你選購已配有排針的裝置。

如你所見，開發板提供了連接外部元件與微控制器的方法。但是，該如何連接其他電子元件才能建立一個完整的電路呢？

在麵包板上開發原型

麵包板是一種不易焊接的原型開發平台，將裝置的腳位插進其上的四方形金屬孔洞中便可建立電路：

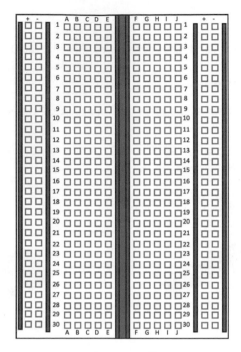

圖 2-6 免焊麵包板

如上圖可知，麵包板有兩塊連接區：

共電軌通常在麵包板的兩側，並由兩排各自標有 + 和 - 的孔洞組成，如下圖：

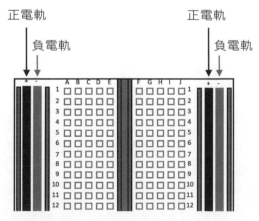

圖 2-7 麵包板兩側標有 + 和 - 的共電軌

麵包板同一排的孔洞其實是彼此相連的。因此不管從哪一個孔洞供電，同一排的其他孔洞都會輸出相同的電壓。

由於共電軌會為電路提供參考電壓，請勿在同一排接上不同電壓。

- 麵包板中央為終端帶（terminal strip），且位於同列的孔是互通的，因此可知以下事實：
  + 同一列孔洞的電壓相同。
  + 同一排孔洞的電壓可能不同。

然而，麵包板中央通常會有一個分隔用的凹槽，因此每一列實際上是由兩個獨立的終端帶所組成，如下圖：

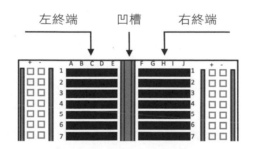

圖 2-8 位於麵包板中間的終端帶

我們可以藉由**跳線**將各種裝置接上麵包板。

Note

終端的孔洞數決定了麵包板的大小，本書一律使用 30 列 x 10 排的 ½ 尺寸麵包板。

◉ 實作步驟

在開始建立任何電路之前，請先拔掉微控制器開發板上的 micro-USB 線，以防止意外毀損內部零件。

拔掉電源線之後，請依照以下步驟來建立 LED 電路：

1. 將微控制器開發板安裝於麵包板上：

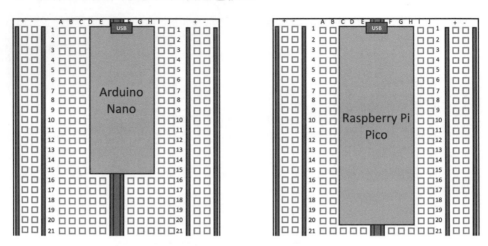

圖 2-9 將微控制器開發板沿著左右兩邊的共電與終端垂直插上

因為中間的凹槽會讓左右兩邊的接腳其實是接到不同的終端帶，所以這樣放是安全的。

2. 使用兩條公 - 母跳線，將 3.3 V 與微控制器 GND 腳位分別接上正電軌與負電軌：

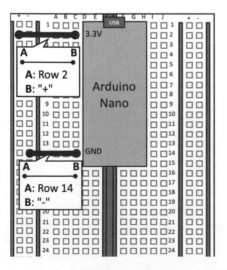 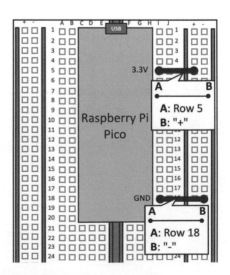

圖 2-10 用跳線將 3.3V 與 GND 分別接上正電軌與負電軌

請記得，微控制器接上電源後，同一排的所有孔洞都將會是 3.3V 與
GND。

3. 將 LED 的接腳插上兩條不同的終端：

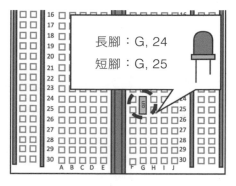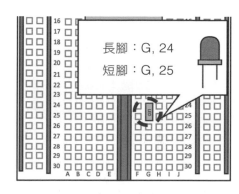

圖 **2-11** 將 LED 插上麵包板

在上圖中，我們將 LED 的長腳插入（G, 24），短腳插入（G, 25）。請
勿將 LED 長短腳反向連接，這會讓它無法正常運作。

4. 將 220 Ω 電阻接在 LED 旁邊：

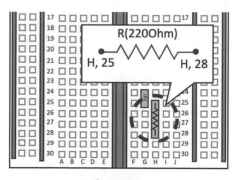

圖 **2-12** 將電阻接在 LED 旁邊

請參考 *Digikey* 網站以了解電阻色碼的意義 [2]。舉例來說，一顆有著 5~6 條色碼的 220Ω 電阻，通常會有以下幾種顏色：

- 第一條：紅色（2）
- 第二條：紅色（2）
- 第三條：黑色（0）
- 第四條：黑色（1）

如本專案的電路圖所示，電阻的其中一端應與 LED 的短腳串聯。在此是將其中一端插入（**H, 25**）。電阻的另一端可以接在任何一條未使用的終端上。在此接在（**H, 28**）上。

5. 將正電軌（3.3V）連接 LED 的長腳，並聯接負電軌（GND）與電阻以完成迴路。

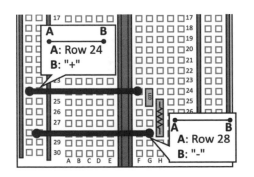

Arduino Nano

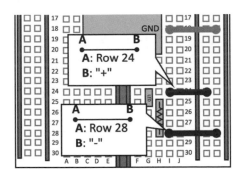

Raspberry Pi Pico

圖 **2-13** 連接 3.3V 與 GND 以完成電路

上圖說明了如何使用剩下的兩條跳線來完成迴路。一條連接正電軌與 LED 的長腳（**G, 24**），而另一條連接了負電軌與電阻（**H, 28**）。

現在，請用 micro USB 線來為微控制器供電，LED 應該會隨之亮起。

---

2 https://www.digikey.com/en/resources/conversion-calculators/conversion-calculator-resistor-color-code

用 GPIO 腳位控制外接 LED

LED 於生活中隨處可見，特別是在家中，因為同樣的亮度下，LED 會比傳統燈泡來的省電。不過，在此實驗中的 LED 不是燈泡，而是為了在麵包板上快速開發原型的通孔 LED。

本專案將建立一個連接外部 LED 的簡單電路，並針對 GPIO 週邊編寫程式以控制 LED 亮暗。

本專案的 Arduino 草稿碼請由此取得：

- 03_gpio_out.ino：

  https://github.com/PacktPublishing/TinyML-Cookbook/blob/main/

  Chapter02/ArduinoSketches/03_gpio_out.ino

◉ 事前準備

實作本專案需要先了解 LED 的運作原理，以及如何將微控制器的 GPIO 設定為輸出模式。

LED 為**發光二極體**的簡稱，此半導體元件在電流通過時會發光。

通孔 LED 的構造如下：

- **透明燈罩**。燈罩有大小之分，常見的尺寸為直徑 3mm、5mm 和 10mm。
- 兩支長度不同的引腳是為了方便區分正極（**負極**）端與負極（**正極**）端。負極端的引腳較長。

下圖為通孔 LED 的基本構造圖以及在電路中的符號表示。

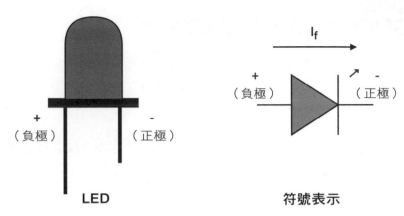

圖 2-14 LED 及其符號表示

如之前所述，LED 在電流通過時會亮起。不過，跟電阻不同的是，LED 電流只會從負極流到正極。這種電流被稱為**正向電流**（*If*）。

LED 的亮度與正向電流的強度成正比，電流越強 LED 越亮。

LED 有最大工作電流的限制，所以必須注意電流是否超過此上限以免 LED 燒壞。一般 5mm 通孔 LED 的最大電流為 20mA，所以介於 4mA 到 15mA 之間的電流即可讓 LED 發光。

為了讓電流開始流動，首先必須為 LED 提供特定的電壓，也就是**正向電壓**（*Vf*），定義如下：

$$V_f = V_{anode} - V_{cathode}$$

常見的有色 LED 之正向電壓範圍如下：

LED 顏色	正向電壓（V）	LED 顏色	正向電壓（V）
紅	1.8-2.1	綠	2-3.1
橘	1.9-2.2	藍	3-3.7
黃	1.9-2.2	白	3-3.4

圖 2-15 常見的 LED 正向電壓

從上表可知正向電壓的相關資訊如下：

- 依顏色有所不同。

- 範圍較小，且多數所需電壓小於一般微控制器所需的 3.3V。

基於上述觀察產生了三個問題：

- 首先，微控制器只能輸出 3.3V，這麼一來該如何提供正向電壓給 LED 呢？

- 如果提供的電壓小於最低 V_f，會發生什麼事情？

- 如果提供的電壓大於最大 V_f，會發生什麼事情？

答案就在電壓與 LED 電流的物理關係之中：

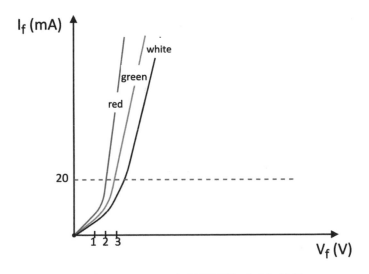

圖 2-16 LED 之電壓電流（VI）特性

上圖 x 軸為電壓，y 軸為電流，我們可以得知以下資訊：

- 如果電壓小於 LED 的 V_f，則 LED 會因電流太小而無法亮起。

- 如果電壓大於 LED 的 V_f，則 LED 會因電流超過了 20mA 的上限而燒壞。

因此，將電壓控制在所需的工作 V_f 之間非常重要，才可以確保元件不會損壞並正常運作。

解決方法其實很簡單，我們只需要在旁邊加一顆電阻即可，如下圖：

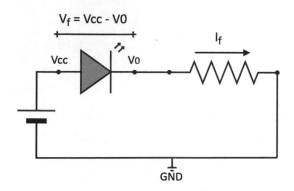

圖 2-17 LED 旁的電阻可幫忙限制電流

看到現在，應該很清楚為什麼要在前一個專案的電路中加上一顆電阻了。因為 LED 亮起時，電壓會稍微下降（V_f），而電阻可以將電流穩定於 4mA~15mA 的所需範圍內。因此，讓 LED 的電流保持在可接受範圍內即表示不讓 V_f 掉出應有的工作範圍之外。

使用以下公式計算電阻值：

$$R = \frac{Vcc - V_f}{I_f}$$

公式說明如下：

- V_f 代表正向電壓
- I_f 代表正向電流
- R 代表電阻

正向電壓／電流與 LED 亮度的相關訊息通常會標示於規格表中。

接下來將說明如何藉由 GPIO 週邊來控制 LED 的亮暗。

簡介 GPIO 週邊

通用輸入／輸出（GPIO）是微控制器上最常見且通用的週邊。

從名稱可得知，GPIO 沒有固定的功能。相反地，它最主要的功能便是向外部腳位提供（輸出）或讀取（輸入）數位訊號（*1* 或 *0*），通常稱它為 *GPIO*、*IO* 或 *GP*。

一顆微控制器可以有多個 GPIO，各自控制積體晶片的一個特定腳位。

GPIO 的特性類似於 C++ `iostream` 函式庫的 `std::cout` 和 `std::cin`，但差別在於 GPIO 是寫入和讀取固定電壓，而非字元。

針對邏輯準位 *1* 與 *0* 的常見外加電壓如下：

邏輯準位	電壓（V）
1 或 HIGH	Vcc，即微控制器可提供的電壓（例如 3.3V、5V）
0 或 LOW	GND

圖 2-18　邏輯準位與電壓的關係

LED 閃爍是透過程式將 GPIO 週邊設定為輸出模式，並提供 3.3V（1）或 0V（0）的經典範例。

連接 LED 與 GPIO 的方式有兩種，並依電流方向而有所不同。第一種方法是**電流源（current sourcing）**，電流會從微控制器開發板流出。連接步驟如下：

* 連接 LED 的正極腳與 GPIO

* 連接 LED 的負極腳與電阻

* 連接電阻的另一端與 GND

下圖說明了電流源如何驅動 LED：

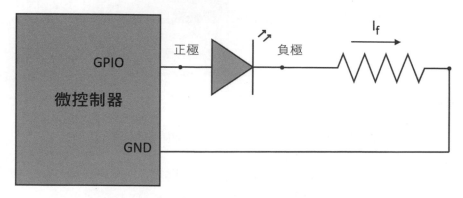

圖 2-19 電流源，電流從微控制器開發板流出

從上圖可得知，GPIO 應輸出邏輯準位 *1* 分來點亮 LED。

第二種，同時也與第一種做法相反的方法是**電流汲取（current sinking）**，即電流會流進微控制器開發板。步驟如下：

• 連接 LED 的正極腳與 GPIO。

• 連接 LED 的負極腳與電阻。

• 連接電阻的另一端與 3.3V

從下圖可以看出，GPIO 腳位應輸出邏輯準位 *0* 分來點亮 LED：

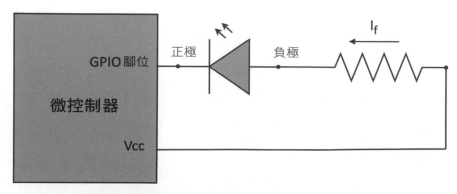

圖 2-20 電流汲取，電流流進微控制器開發板

不管用哪一種方法，都要記得腳位會有最大電流限制，且依電流方向而有所不同。舉例來說，Arduino Nano 最大輸出電流是 15mA，輸入則是 5 mA。在設計 LED 驅動電路時，都應考慮到這些限制以防毀損裝置並確保運作正常。

◉ **實作步驟**

拔除微控制器的電源並保留 LED 與電阻於前一個專案的位置上。移除所有跳線，除了接在負電軌（GND）上的那一條。完成後，麵包板應如下圖：

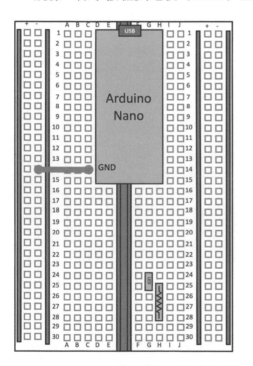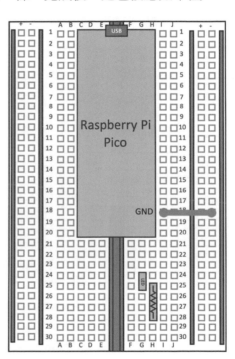

圖 2-21 微控制器開發板、LED 和電阻留在
「於麵包板實作 LED 狀態指示燈」專案中的位置

由於 LED 的正極腳與電阻串聯，LED 會由電流源電路驅動。

透過 GPIO 控制 LED 的步驟如下：

1. 選擇驅動 LED 的 GPIO 腳位。下表為各自的選項：

開發板	GPIO 腳位
Arduino Nano	P0.23
Raspberry Pi Pico	GP22

圖 **2-22** 驅動 LED 的 GPIO 腳位

2. 用跳線連接 LED 負極腳與 GPIO：

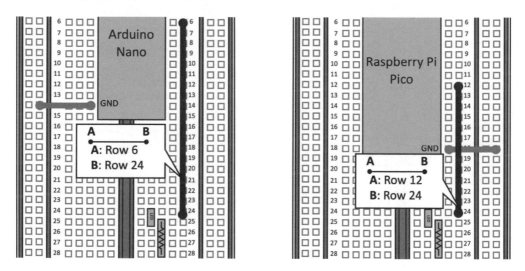

圖 **2-23** 連接 LED 的負極腳與 GPIO

如果是 Arduino Nano，請將跳線接在（**J, 6**）和（**J, 24**）上。如果用的是 Raspberry Pi Pico，請將跳線接在（**J, 12**）和（**J, 24**）上。

3. 連接電阻與 GND：

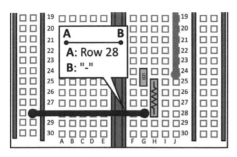

Arduino Nano

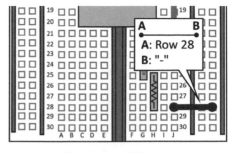

Raspberry Pi Pico

圖 2-24　連接電阻與 GND

連接（**J, 28**）與負電軌，Arduino Nano 與 Raspberry Pi Pico 做法相同。

220 Ω 電阻會把 LED 的電流控制在 5mA 左右，低於 LED 20mA 的電流上限以及 GPIO 輸出電流上限，如下表所示：

開發板	GPIO 電流上限（電流源）~mA
Arduino Nano	12
Raspberry Pi Pico	10

圖 **2-25** Arduino Nano 與
Raspberry Pi Pico 的 GPIO 電流上限（電流源）

電路完成後，來看看 GPIO 的程式吧。

4. 打開 Arduino IDE 並建立新草稿碼。使用驅動 LED 的腳位名稱宣告並初始化全域物件 `mbed::DigitalOut`。

Arduino Nano 的程式碼如下：

```
mbed::DigitalOut led(p23);
```

Raspberry Pi Pico 的程式碼如下：

```
mbed::DigitalOut led(p22);
```

Mbed 或 **Mbed OS**[3] 是一款 Arm Cortex-M 處理器專用的**即時作業系統**（**RTOS**），提供一般作業系統的功能以及用於控制微控制器週邊的驅動程式。所有 Arduino Nano 33 BLE Sense 和 Raspberry Pi Pico 的程式都是以這個小小的作業系統為基礎。本專案要用 Mbed 作業系統的 `mbed::DigitalOutput` 物件[4] 將 GPIO 設為輸出模式。初始化週邊時會需要先將 GPIO（PinName）接上 LED。PinName 永遠以 p 開頭，接著是腳位編號。

如果是 Arduino Nano，腳位編號為腳位標籤 P<x>.<y> 中的 y，因此 PinName 為 p23。

若使用 Raspberry Pi Pico，則腳位編號為標籤 GPy 中的 y，因此 PinName 為 p22。

5. 將 led 設為 1，就能在 loop() 函式中點亮 LED：

```
void loop() {
  led = 1;
}
```

編譯並將草稿碼上傳到微控制器。

用按鈕開關控制 LED

相較於具備鍵盤、滑鼠甚至觸控式螢幕等幫助人類與軟體互動的家用電腦，按鈕開關是使用者與微控制器之間最簡單的互動方式。

本專案將示範如何編寫 GPIO 程式並藉由讀取按鈕的狀態（按住或放開）來控制 LED。

---

3 https://os.mbed.com

4 https://os.mbed.com/docs/mbed-os/v6.15/apis/digitalout.html

本專案的 Arduino 草稿碼請由此取得：

- 04_gpio_in_out.ino：
  https://github.com/PacktPublishing/TinyML-Cookbook/blob/main/
  Chapter02/ArduinoSketches/04_gpio_in_out.ino

◎ 事前準備

在開始專案之前，需要先了解按鈕開關的工作原理，並且將 GPIO 設定為輸入模式。

按鈕開關為一種可與微控制器搭配使用的按鍵，由於其狀態可以是**按住**（真）或**放開**（假），因此具有布林特性。

從電子學的角度來看，按鈕開關為能夠讓兩條電線通電（開啟）或中斷（短路）的裝置。按住按鈕時，兩條電線會透過一組機械系統而連通並讓電流通過。然而，它不像一般的電燈開關，放開後仍保持通電。若沒有持續按住按鈕，連點便會斷開而使電流中斷。

雖然這個裝置有四條金屬接腳，但它其實是一個雙端點裝置，因為相對的兩條接腳其實是連在一起的（1, 4 相連，2, 3 相連），如下圖：

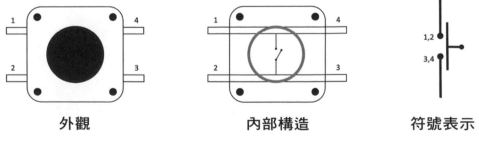

外觀　　　　　　　　內部構造　　　　　　　符號表示

圖 2-26 按鈕開關示意圖

利用按鈕開關建立電路時，同一邊的兩條接腳（如上圖中的 1, 2 或 4, 3）負責連接兩端，按鈕按下後兩端的電壓會變成一樣。

輸入模式下的 GPIO 可以讀取按鈕開關的狀態。當 GPIO 配置為輸入模式時,會讀取腳位電壓以判斷邏輯準位。從讀到的數值便可得知按鈕是否被按下。

下圖中,按下按鈕後 GPIO 的腳位電壓為 GND,那麼,放開之後電壓會是什麼呢?

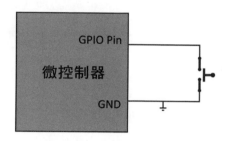

圖 **2-27** 放開按鈕後 GPIO 腳位的電壓為何?

雖然腳位只能假設兩個邏輯準位,在某些輸入模式的情況中卻不盡然。如果沒有做好電路保護,稱為**浮動**(或**高阻抗**)的第三種邏輯準位便可能出現。當懸空狀態出現時,由於電壓會在 3.3V 與 GND 之間浮動,便無法確定腳位的邏輯準位。而由於電壓沒有持續性,我們便無法得知按鈕是否被按下。為防止這種情況出現,會需要在電路中加入一個電阻以確保在任何情況下都可以獲得明確的邏輯準位。

依照按鈕按下時所需的邏輯準位,會有兩種安裝電阻的方式:

- **上拉式**:電阻接在 GPIO 與 3.3V 電源之間,因此按住按鈕時 GPIO 會讀到 *LOW*,放開時會讀到 *HIGH*。

- **下拉式**:與上拉式相反,電阻接在 GPIO 與 GND 之間。因此,按住按鈕時 GPIO 會讀到 *HIGH*,放開時會讀到 *LOW*。

下圖為上拉式與下拉式的配置差異：

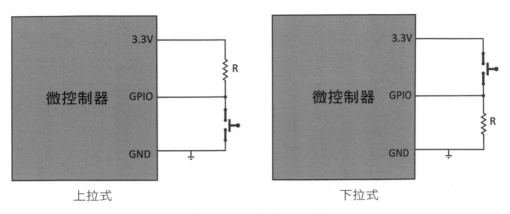

圖 2-28 上拉式 v.s 下拉式

10 K 的電阻皆適用於這兩種配置方法。不過，大部分的微控制器都會內建一顆可程控的上拉式電阻，所以通常不需要再外接。

◎ **實作步驟**

保留麵包板上所有的元件。依照以下步驟將上一個專案修改成用按鈕控制 LED 的配置：

1. 選擇要讀取按鈕狀態的 GPIO 腳位，下表為兩種開發板各自的選項。

開發板	GPIO 輸入模式
Arduino Nano	P0.30
Raspberry Pi Pico	GP10

圖 **2-29** 讀取按鈕狀態的 GPIO 腳位

2. 將按鈕裝在左右終端之間：

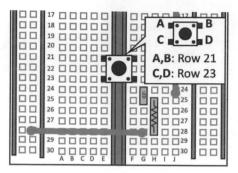

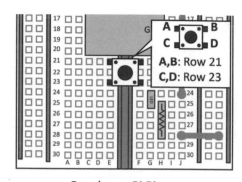

Arduino Nano　　　　　　　　**Raspberry Pi Pico**

圖 2-30 將按鈕開關插在終端 21 與 23 上

如上圖，要使用未安裝其他裝置的終端。

3. 將按鈕接上 GPIO 與 GND：

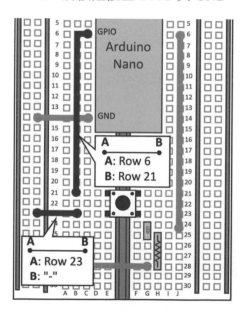
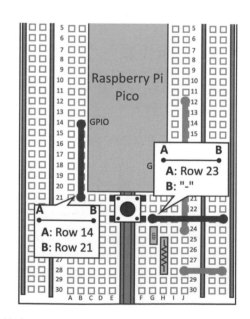

圖 2-31 按鈕開關只接上 GPIO 與 GND

由於微控制器已具備上拉式電阻，所以不會發生腳位浮動。

4. 開啟上一個專案的草稿碼，以按鈕的腳位名稱來宣告並初始化全域物件 mbed::DigitalIn。

Arduino Nano 的程式碼：

```
mbed::DigitalIn button(p30);
```

Raspberry Pi Pico 的程式碼：

```
mbed::DigitalIn button(p10);
```

mbed::DigitalIn[5] 用於在輸入模式中介接 GPIO。初始化只需要指定按鈕所連接的 GPIO 腳位（PinName）。

5. 於 setup() 函式中將按鈕模式設定為 PullUp：

```
void setup() {
  button.mode(PullUp);
}
```

上述程式碼會啟用微控制器中內建的上拉式電阻。

6. 於 loop() 函式中，當按鈕為 *LOW (0)* 時點亮 LED：

```
void loop() {
  led = !button;
}
```

將 led 物件設定為 button 回傳的相反值，便可在按下按鈕時點亮 LED。

編譯並將草稿碼上傳到微控制器。

5　https://os.mbed.com/docs/mbed-os/v6.15/apis/digitalin.html

利用中斷讀取按鈕狀態

上一個專案中，我們學到了如何用 GPIO 讀取數位訊號。然而，這個解決方案的效率不算好，因為 CPU 浪費了許多循環在等待按鈕被按下，而非同時還在處理其他事情。其實，要是沒有其他事情需要處理，我們可以讓 CPU 維持低電力模式即可。

本專案將示範如何在 Arduino Nano 上使用中斷讓讀取按鈕狀態更有效率。

本專案的 Arduino 草稿碼請由此取得：

- 05_gpio_interrupt.ino：

  https://github.com/PacktPublishing/TinyML-Cookbook/blob/main/

  Chapter02/ArduinoSketches/05_gpio_interrupt.ino

◉ 事前準備

開始專案之前，先來認識什麼是中斷，以及可以用哪一種 Mbed OS API 讓讀取按鈕狀態更有效率。

中斷（interrupt）是一種訊號，可透過專用函式讓主程式暫停以回應某個事件，該函式又稱為**中斷處理器**或**中斷服務常式（ISR）**。一旦 ISR 停止執行，處理器便會恢復主程式並從暫停處繼續開始執行，如下圖：

6　https://os.mbed.com/teams/TVZ-Mechatronics-Team/wiki/Timers-interrupts-and-tasks

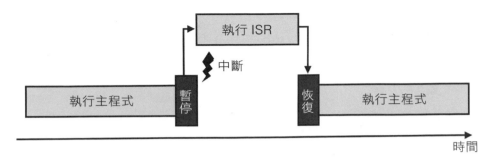

圖 2-32 中斷會暫停主程式

中斷是一種強大的節能機制,因為 CPU 可以在開始運算之前先進入休眠狀態,直到被事件喚醒。

微控制器有多個中斷源,而每一個都可以編寫一個專用的 ISR。

儘管 ISR 是一個函式,但在實作上還是有一些限制:

- 沒有輸入引數

- 不會回傳數值,因此,我們需要用全域值來回傳狀態變化。

- 不能持續太久,以免佔用主程式太多時間。提醒你,ISR 並非執行緒,因為只有在 ISR 執行完畢後處理器才會恢復運算。

當 GPIO 為輸入模式時,可以使用 mbed::InterruptIn[7]

本物件會在腳位的邏輯準位發生變化時觸發事件:

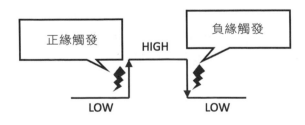

圖 2-33 正緣觸發與負緣觸發

---

7 https://os.mbed.com/docs/mbed-os/v6.15/apis/interruptin.html

如上圖，mbed::InterruptIn 會在腳位的邏輯準位從 *LOW* 變 *HIGH*（正緣）或是 *HIGH* 轉 *LOW*（負緣）時觸發中斷。

◉ 實作步驟

開啟前一個專案的草稿碼，並根據以下步驟來修改，以藉由 GPIO 來開關 LED：

1. 以按鈕所在的 GPIO 腳位名稱 **PinName** 定義並初始化 mbed::InterruptIn 物件。

Arduino Nano 的草稿碼：

```
mbed::InterruptIn button(p30);
```

Raspberry Pi Pico 的草稿碼：

```
mbed::InterruptIn button(p10);
```

我們已不需要 mbed::DigitalIn 物件，因為在輸入模式下 mbed::InterruptIn 同樣可以控制 GPIO 的介面。

2. 編寫一個 ISR 用於處理輸入訊號出現正緣（*LOW* 至 *HIGH*）而觸發的中斷請求：

```
void rise_ISR() {
  led = 0;
}
```

若上述 ISR 被呼叫（**led = 0**）時，LED 熄滅。接著，編寫一個用於處理輸入訊號負緣（*HIGH* 至 *LOW*）觸發的中斷請求之 ISR：

```
void fall_ISR() {
  led = 1;
}
```

當上述 ISR 被呼叫（**led = 1**）時，LED 亮起。

3. 於 setup() 函式中初始化 button：

```
void setup() {
  button.mode(PullUp);
  button.rise(&rise_ISR);
  button.fall(&fall_ISR);
}
```

依照以下步驟配置 mbed::InterruptIn 物件：

- 啟用內建的上拉式電阻（button.mode(PullUp)）

- 附加 ISR 函式讓它在正緣中斷發生時一起被呼叫
  （button.rise(&rise_ISR)）[2]

- 附加 ISR 函式讓它在負緣中斷發生時一起被呼叫
  （button.fall(&fall_ISR)）[2]

4. 將 loop() 函式中的程式碼改為 delay(4000)：

```
void loop() {
  delay(4000);
}
```

理論上來說，loop() 函式可以空著。然而，建議在程式閒置時呼叫 delay() 讓系統進入低電力模式。

編譯並將草稿碼上傳到微控制器。

透過電池供電

在許多 TinyML 應用中，電池是微控制器唯一的電源。本章最後一個專案將示範如何用 AA 電池為微控制器供電。

本專案的 Colab 筆記本請由此取得：

- 06_estimate_battery_life.ipynb：
  https://github.com/PacktPublishing/TinyML-Cookbook/blob/main/
  Chapter02/ColabNotebooks/06_estimate_battery_life.ipynb

◉ 事前準備

微控制器沒有內建**電池**,所以需要外接才行。

在開始專案之前,先來了解要選用哪一種電池以及如何正確地供電。

電池是一種能量容量有限的電力來源。能量容量(或稱電池容量)量化了儲存的能量並以毫安小時(mAh)為計算單位。因此,本值越高就表示電池壽命越長。

下表列出一些可用於微控制器的市售電池:

電池類型	電壓	電池容量(mAh)
AAA	1.5	~1000
AA	1.5	~2400(鹼性)
CR2032	3.6	~240
CR2016	3.6	~90

圖 2-34 可用於微控制器的市售電池

電池的選擇取決於微控制器所需電壓以及其他一些因素,例如能量容量、外型尺寸和運轉溫度。

從上表可以看出,AA 電池的容量較大但只能提供 1.5V,基本上對微控制器來說不夠。

這麼一來,該如何使用 AA 電池為微控制器供電呢?

下一節將介紹一些提高供電電壓或能量容量的標準做法。

串聯電池以增加輸出電壓

電池串聯時，其中一顆電池的正極會接到另一顆電池的負極，如下圖：

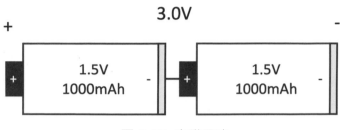

圖 2-35　串聯電池

Important Note

此做法只會提高供電電壓，不會增加電量。

新的供電電壓（V_{new}）為：

$$V_{new} = V_{battery} \cdot N$$

N 為串聯的電池數量。

舉例來說，一顆 AA 電池可以持續提供 1.5V 約 2400 mAh，因此串聯兩顆 AA 電池便可在相同的能量容量下產生 3.3V 的電力。

但是，要是電量不足以應付，又該如何增加呢？

並聯電池以增加能量容量

電池並聯時，兩顆電池的正極會透過電線接在一起，負極亦然。兩顆電池的並聯方式如下圖：

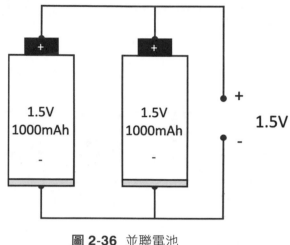

圖 2-36　並聯電池

Important Note

此做法只會增加電池容量而不會提高供電電壓。

新的電池容量（BC_{new}）如下：

$$BC_{new} = BC_{battery} \cdot N$$

N 為並聯的電池數量。

舉例來說，一顆 AA 電池的容量為 2400 mAh，並聯兩顆 AA 電池就可以得到雙倍的容量。

現在我們已經學會如何串聯或並聯電池來取得所需的輸出電壓或能量容量，來看看如何為微控制器供電吧。

將電池接上微控制器開發板

微控制器提供了可由電池等外部電源供電的專用引腳。這些引腳有電壓限制，會明確標示在規格表中。

Arduino Nano 是透過 **Vin** 腳位來接收外部電源，**Vin** 腳位的輸入電壓範圍
為 5~21V。

若為 Raspberry Pi Pico，外部電源則是透過 **VSYS** 腳位來供電，**VSYS** 腳位
的輸入電壓範圍為 1.8~5.5V。

兩種開發板都備有板載穩壓器，可將輸入電壓調節成 3.3V。

◉ 實作步驟

請將 micro-USB 線從 Arduino Nano 或 Raspberry Pi Pico 上移除，並保留麵
包板上的所有元件。

本專案使用的電池座將串聯數顆 AA 電池。請先不要將電池放入電池座
中，電路完成後才可以置入。

依照以下步驟便可用電池為 Arduino Nano 和 Raspberry Pi Pico 供電：

1. 請將電池座的正極線（紅色）與負極線（黑色）分別接上麵包板的正
   負電軌：

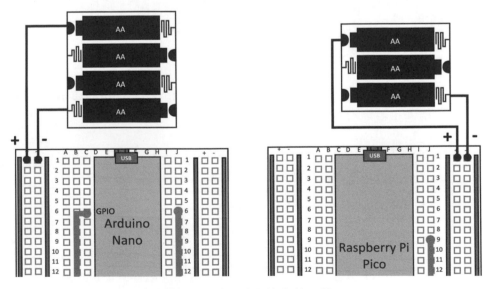

圖 **2-37** 將電池座接上共電軌

2. Arduino Nano 和 Raspberry Pi Pico 各自有不同的外部電源電壓限制。因此使用的 AA 電池數量也不一樣。事實上，Raspberry Pi Pico 三顆就夠了，但對 Arduino Nano 來說不夠。相反地，Arduino Nano 要用到四顆 AA 電池才夠，但就會超出 Raspberry Pi Pico 的電壓上限。因此，Arduino Nano 要用 4 槽電池座來提供 6V 的電力，但 Raspberry Pi Pico 要用 3 槽電池座來提供 4.5V。

3. 將外部電源接上開發板，如下圖：

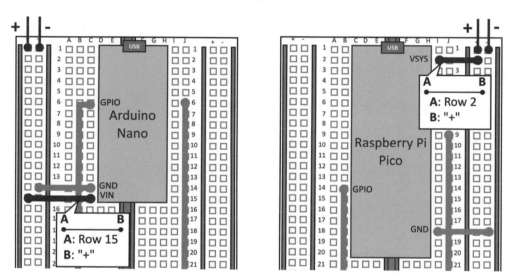

圖 **2-38** 將共電軌接上微控制器的電源引腳與 GND

從上圖可以看出，**VIN**（Arduino Nano）和 **VSYS**（Raspberry Pi Pico）透過正電軌接到了電池座的正極。

4. 放入電池：

   • Arduino Nano 需要 4 顆 AA 電池

   • Raspberry Pi Pico 需要 3 顆 AA 電池

LED 程式開始運作。

不過，我們可能還會想知道，該如何評估電池供電程式的壽命呢？

⊙ 補充

為微控制器選好電池後，便可透過以下公式估算壽命長度：

$$BL = \frac{BC}{IL}$$

公式說明如下：

數量	單位	意義
BL	小時（h）	電池壽命
BC	mAh	電池容量
IL	mA	微控制器所需的負載電流消耗量

圖 2-39 用於估算電池壽命的物理量

以下 Python 程式碼可計算出以小時和天為單位的電池壽命：

```
battery_cap_mah = 2400
i_load_ma = 1.5

battery_life_hours = battery_cap_mah / i_load_ma
battery_life_days = battery_life_hours / 24

print("Battery life:", battery_life_hours,"hours,", battery_life_days, "days")
```

上述程式碼可計算當電池容量（**battery_cap_mah**）為 2400mAh，負載電流（**i_load_ma**）為 1.5mA 時的電池壽命。

輸出結果為：

```
Battery life: 1600.0 hours, 66.66666666666667 days
```

圖 2-40 電池壽命的計算結果

雖然上述公式只是在理想狀況下的估計值,但還是能夠讓我們對系統可以維持多久有一個概念。更進階的模型還可以將漏電和溫度等其他因素考慮進去。

建立氣象站

多虧了網際網路,現在我們可以輕易地從手機、電腦或平板取得天氣預報。不過,你可曾想過,該如何追蹤沒有網路的偏鄉地區的氣象變化呢?

本章將示範如何利用過去三個小時的溫度和濕度透過**機器學習(ML)**建立氣象站。

我們將重點介紹資料準備以及如何從 **WorldWeatherOnline** 取得天氣的歷史資料。接著會說明如何用 **TensorFlow(TF)**訓練並測試模型。最後會透過 **TensorFlow Lite for Microcontrollers(TFLu)**將模型部署在 Arduino Nano 和 Raspberry Pi Pico 上,並建立一個預測降雪的應用程式。

本章的學習目的,在於帶領讀者走一遍針對微控制器的 TF 基礎應用程式的所有開發階段,並說明如何擷取溫度和濕度感測器資料。

本章主題如下：

- 從 WorldWeatherOnline 匯入天氣資料

- 準備資料

- 用 TF 訓練模型

- 評估模型的有效性

- 使用 TFLite 轉換器來量化模型

- 使用 Arduino Nano 內建的溫度與濕度感測器

- 在 Raspberry Pi Pico 上使用 DHT22 感測器

- 為模型推論準備輸入特徵

- 使用 TFLu 於裝置上執行推論

技術需求

本章所有實作範例所需項目如下：

- Arduino Nano 33 Sense 開發板，一片

- Raspberry Pi Pico 開發板，一片

- micro-USB 傳輸線，一條

- ½ 尺寸免焊麵包板，一片（僅用於 Raspberry Pi Pico）

- 內含 DHT22 的 AM2302 感測器模組，一顆（僅用於 Raspberry Pi Pico）

- 跳線，5 條（僅用於 Raspberry Pi Pico）

- 安裝 Ubuntu 18.04+ 或 Windows 10 x86-64 的筆記型或 PC

本章程式原始碼與相關材料請由本書 Github 的 Chapter03 資料夾取得：

https://github.com/PacktPublishing/TinyML-Cookbook/tree/main/
Chapter03

從 WorldWeatherOnline 匯入天氣資料

ML 演算法的有效性取決於訓練資料。常言道，*資料集有多好，ML 模型就有多厲害*。所謂好的資料最基本的要求，就是輸入資料要能夠充分代表問題。本章範例的情況來說，基本物理可以告訴我們溫度和濕度會影響雪的形成。

本專案將示範如何蒐集每小時的溫度、濕度及降雪量的歷史資料並建立一個預測降雪的資料集。

本專案的 Colab 筆記本請由此取得（*Importing weather data from WorldWeatherOnline* 這一段）：

- preparing_model.ipynb：
  https://github.com/PacktPublishing/TinyML-Cookbook/blob/main/
  Chapter03/ColabNotebooks/preparing_model.ipynb

◉ 事前準備

我們可以從網路上各種不同的管道取得即時天氣資料，但大多需要付費或是有一些使用限制。

本專案選用 **WorldWeatherOnline**[1]，因為它提供 30 天免費試用以及以下功能：

- 可透過 HTTP 請求來獲取資料的簡易 API

- 全球天氣的歷史資料

- 每天可請求高達 250 筆天氣資料

Important Note
每日請求上限對本專案沒有影響。

1　https://www.worldweatheronline.com/developer/

只需要在網站上註冊便可以開始請求資料。

WorldWeatherOnline 有一個叫做 *Past Historical Weather* 的 API[2]，可讓使用者取得自 2008 年 7 月 1 日以來的天氣歷史資料。

但我們不會用它們的 API，而是透過 `wwo-hist`[3] 這個 Python 套件將資料直接匯出為 pandas DataFrame。

◉ 實作步驟

打開 Colab 並建立一個新的 notebook，並執行以下步驟：

1. 安裝 `wwo-hist` 套件：

```
!pip install wwo-hist
```

2. 從 `wwo-hist` 匯入 `retrieve_hist_data` 函式：

```
from wwo_hist import retrieve_hist_data
```

從 WorldWeatherOnline 取得資料只需用到 `retrieve_hist_data` 函式，還可以將資料匯出為 pandas DataFrames 或 CSV 檔。

3. 請求義大利卡納澤伊過去十年間的每小時天氣資料（`01-JAN-2011 to 31-DEC-2020`）：

```
frequency=1
api_key = 'YOUR_API_KEY'
location_list = [canazei]
df_weather = retrieve_hist_data(api_key,
                                location_list,
                                '01-JAN-2011',
                                '31-DEC-2020',
                                frequency,
                                location_label = False,
```

---

2 https://www.worldweatheronline.com/developer/premium-api-explorer.aspx

3 https://github.com/ekapope/WorldWeatherOnline

```
                              export_csv = False,
                              store_df = True)
```

www-hist 會將資料匯出為 `df_weather`，即一張 pandas DataFrames 清單。

接下來要為 `retrieve_hist_data` 函式設定輸入引數，接下來會逐一說明：

- **API 金鑰**：API 金鑰會顯示在 WorldWeatherOnline 的訂閱記錄上，請將 `YOUR_API_KEY` 字元換成此金鑰。

- **地點**：此為可請求天氣資料的地點清單。由於我們要建立可預測降雪的資料集，因此需考慮定期會下雪的地方。例如，我們可以選擇卡納澤伊[4]，它位在義大利北部，每年的 12 月到次年 3 月時常下雪。也可以加入其他地點讓 ML 模型的為通用性更好。

- **開始 / 結束日期**：開始與結束日期定義了資料蒐集的區間。資料格式為 *dd-mmm-yyyy*。由於我們需要具有代表性的大型資料集，因此請求的區間為 10 年，時間區段設定為 `01-JAN-2011 - 31-DEC-2020`。

- **頻率**：定義以小時為單位的頻率。例如，*1* 代表每 1 小時，*3* 代表每 3 小時，而 *6* 代表每 6 小時，以此類推。在此選擇每小時是因為我們需要過去 3 個小時的溫度和濕度來預測降雪。

- **地點標籤**：由於可能需要請求不同地點的資料，標籤可以將取得的天氣資料與地點綁定起來。在此設定為 `False`，因為本範例只會使用一個地點。

- **export_csv**：此標籤會將天氣資料匯出為 CSV 檔。請設定為 `False`，因為本範例不需要將資料轉成 CSV 檔。

- **store_df**：此標籤會將天氣資料匯出為 pandas DataFrame 資料集，請設為 `True`。

4　https://en.wikipedia.org/wiki/Canazei

收到天氣資料後，輸出記錄會顯示 **export to canazei completed!** 訊息。

4. 匯出溫度、濕度與輸出降雪量成清單：

```
t_list = df_weather[0].tempC.astype(float).to_list()
h_list = df_weather[0].humidity.astype(float).to_list()
s_list = df_weather[0].totalSnow_cm.astype(float).to_
        list()
```

產生出來的 **df_weather[]** 資料集會包含各個請求日期與時間下的多個天氣條件。比方說，可能會有氣壓毫巴、雲層覆蓋率、能見度公里數，當然還有我們需要的物理量：

- **tempC**：攝氏溫度（°C）
- **humidity**：相對空氣濕度（%）
- **totalSnow_cm**：總降雪公分數（cm）

最後，用 **to_list()** 方法將逐時溫度、濕度與降雪公分數匯出成三份清單。

現在，用來預測降雪的資料集已準備就緒。

準備資料集

資料準備階段對任何 ML 專案來說都非常關鍵，因為它會影響到訓練模型的有效性。

本專案將採用兩種技術來讓資料集更合用，以取得更準確的模型。這兩種技術會藉由標準化來平衡資料集，並把**輸入特徵**帶入相同的數值域。

本專案的 Colab 筆記本請由此取得：

- preparing_model.ipynb：
  https://github.com/PacktPublishing/TinyML-Cookbook/blob/main/
  Chapter03/ColabNotebooks/preparing_model.ipynb

◉ 事前準備

本範例的輸入特徵為過去三個小時的溫度與濕度。如果你好奇為什麼要用過去三個小時的天氣條件，那是因為這麼一來會有較多的輸入特徵，以及更可能取得較好的分類準確率。

在準備資料之前，我們需要先了解為什麼需要平衡資料集，以及為何不可以直接用原始輸入特徵來訓練模型。接下來會進一步討論這兩個問題。

準備一個平衡資料集

所謂**不平衡資料集**指的是其中一個分類的樣本數遠多於其他分類。使用不平衡資料集進行訓練雖然可以產生出高精確率的模型，但這無法解決我們的問題。假設一個有兩個分類的資料集，其中 99% 的樣本是來自其中一個分類。如果網路將少數類分錯，雖然仍會有 99% 的準確率，卻是一個無效的模型。

因此，我們需要的是**平衡資料集**，即每個輸出分類的輸入樣本數都差不多。

平衡資料集的方式如下：

- **為少數分類取得更多輸入樣本：**這是確保正確地產生資料集的首要任務，然而，並非總是能夠取得更多資料，尤其是偶發事件。

- **過抽樣少類樣本：**隨機複製代表性不足的分類樣本。但如果複製太多的話，可能會有過擬合的風險。

- **低抽樣多類樣本：**隨機刪除被過度放大的分類樣本。由於這個方法會縮小資料集的大小，可能會因而失去有價值的訓練資訊。

- **為少數分類產生合成樣本：**我們也可以人工開發樣本。最常見的演算法就是**合成少數過抽樣技術（SMOTE）**。SMOTE 是一種過抽樣技術，會產生新的樣本而非複製代表性不足的實例。雖然這個技術降低了過抽樣所引起的過擬合風險，但產生出的合成樣本可能會在分類邊界附近出現誤差，為資料集添加不必要的雜訊。

如你所見，儘管修復不平衡資料集有多種不同的技術，卻沒有一個通用的最佳解決方案，要採用何種方式皆取決於問題情境。

藉由 Z 分數縮放特徵

輸入特徵存在於不同的值域中。比方說，濕度的數值永遠會介於 0~100，但攝氏溫度可以是負數，且正數的範圍也較濕度來的小。

這是在處理各種物理量時常常會遇到的情形，且可能會影響訓練的有效性。

通常，如果輸入特徵的值域不同，ML 模型會無法正確地一般化，因為它容易受到數值較大的特徵影響。因此我們需要重新縮放輸入特徵以確保每個特徵在訓練時的貢獻程度相同。此外，神經網路中進行特徵縮放的另一個優點是它有助於加快梯度下降至最小值的速度。

Z 分數是神經網路中常用的縮放技術，公式如下：

$$value_{new} = \frac{value_{old} - \mu}{\sigma}$$

公式說明如下：

- **μ**：輸入特徵平均值
- **σ**：輸入特徵標準差

Z 分數可以將輸入特徵調整至相似的值域，但不一定會介於 0~1 之間。

◉ 實作步驟

繼續看到 Colab notebook，執行以下步驟以平衡資料集並使用 Z 分數調整輸入特徵：

1. 在 2D 散布圖中將取得的物理量（溫度、濕度與積雪）視覺化。降雪量（`totalSnow_cm`）大於 0.5 公分便視為積雪：

```
def binarize(snow, threshold):
  if snow > threshold:
    return 1
  else:
    return 0
s_bin_list = [binarize(snow, 0.5) for snow in s_list]
cm = plt.cm.get_cmap('gray_r')
sc = plt.scatter(t_list, h_list, c=s_bin_list, cmap=cm, label="Snow")
plt.figure(dpi=150)
plt.colorbar(sc)
plt.legend()
plt.grid(True)
plt.title("Snow(T, H)")
plt.xlabel("Temperature - ° C")
plt.ylabel("Humidity - %")
plt.show()
```

上述程式碼會產生出以下散布圖：

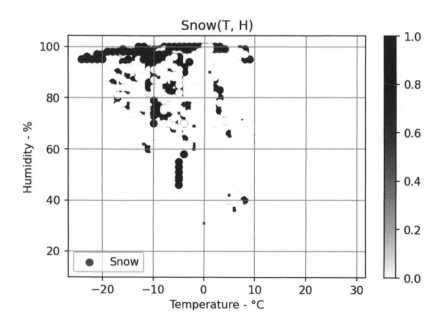

圖 3-1 以 2D 圖來視覺化呈現溫度、濕度與降雪量
資料來源：WorldWeatherOnline.com

上圖的 x 軸為溫度，y 軸為濕度，而黑點為積雪。

從上圖黑點的散布狀況可以看出，在某些情況下即使溫度遠高於攝氏 0 度仍出現了積雪。

為了簡化專案，我們將忽略這種情況，並將攝氏 2 度視為會出現積雪的溫度上限。

2. 產生輸出標籤（Yes 和 No）：

```
def gen_label(snow, temperature):
  if snow > 0.5 and temperature < 2:
    return "Yes"
  else:
    return "No"
snow_labels = [gen_label(snow, temp) for snow, temp in zip(s_list, t_list)]
```

由於本專案只需要預測降雪，所以只需要兩個分類：*Yes*，會降雪，或 *No*，不會降雪。在此範圍內透過 gen_label() 函式將 totalSnow_cm 轉換成對應的分類（Yes 或 No）。當 totalSnow_cm 超過 0.5 公分且溫度低於攝氏 2 度時，映射函式會指定 Yes。

3. 建立資料集：

```
csv_header = ["Temp0", "Temp1", "Temp2", "Humi0", "Humi1", "Humi2", "Snow"]

df_dataset = pd.DataFrame(list(zip(t_list[:-2], t_list[1:-1], t_list[2:],
h_list[:-2], h_list[1:-1], h_list[2:], snow_labels[2:])), columns = csv_
header)
```

若 *t0* 為當前時間，則資料集中儲存的數值如下：

- Temp0/Humi0：時間 *t* 時的溫度與濕度 = *t0 − 2*。
- Temp1/Humi1：時間 *t* 時的溫度與濕度 = *t0 −1*。
- Temp2/Humi2：時間 *t* 時的溫度與濕度 = *t0*。
- Snow：標籤報告於時間 *t* 是否會降雪 = *t0*。

因此，我們只需要 zip 和一些指數計算即可建立資料集。

4. 藉由分階抽樣多個類別來平衡資料集：

```
df0 = df_dataset[df_dataset['Snow'] == "No"]
df1 = df_dataset[df_dataset['Snow'] == "Yes"]

if len(df1.index) < len(df0.index):
  df0_sub = df0.sample(len(df1.index))
  df_dataset = pd.concat([df0_sub, df1])
else:
  df1_sub = df1.sample(len(df0.index))
  df_dataset = pd.concat([df1_sub, df0])
```

原始資料集不平衡是因為所選地點在冬季的 12 月到 3 月普遍都會下雪。以下長條圖顯示 No 分類佔所有案例的 87%，因此我們需要應用在事前準備中介紹過的其中一項技術來平衡資料集。

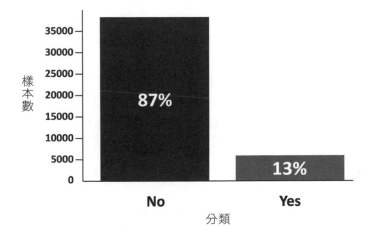

圖 3-2 資料集的樣本分布

即便是樣本數較少的類別也包含了許多樣本（約 5,000 筆），我們可對樣本數較多的類別隨機進行欠抽樣（undersample），好讓兩個類別的樣本數盡量接近。

5. 使用 Z 分數來縮放輸入特徵。為此，要先取出所有溫度與濕度值：

```
t_list = df_dataset['Temp0'].tolist()
h_list = df_dataset['Humi0'].tolist()
t_list = t_list + df_dataset['Temp2'].tail(2).tolist()
h_list = h_list + df_dataset['Humi2'].tail(2).tolist()
```

我們可以從 Temp0（或 Humi0）欄和 Temp2（或 Humi2）欄的最後兩筆記錄中取得所有溫度（或濕度）數值。

接著，計算溫度與濕度輸入特徵的平均值和標準差：

```
t_avg = mean(t_list)
h_avg = mean(h_list)
t_std = std(t_list)
h_std = std(h_list)
print("COPY ME!")
print("Temperature - [MEAN, STD]  ", round(t_avg, 5), round(t_std, 5))
print("Humidity - [MEAN, STD]     ", round(h_avg, 5), round(h_std, 5))
```

輸出結果應如下：

```
COPY ME!
Temperature - [MEAN, STD]    2.05179 7.33084
Humidity - [MEAN, STD]       82.30551 14.55707
```

圖 **3-3** 平均值與標準差計算結果

後續在部署應用程式於 Arduino Nano 和 Raspberry Pi Pico 上時會用到，因此請複製輸出日誌中的平均值與標準差。

最後，用 Z 分數縮放輸入特徵：

```
def scaling(val, avg, std):
  return (val - avg) / (std)

df_dataset['Temp0']=df_dataset['Temp0'].apply(lambda x: scaling(x, t_avg, t_std))
df_dataset['Temp1']=df_dataset['Temp1'].apply(lambda x: scaling(x, t_avg, t_std))
df_dataset['Temp2']=df_dataset['Temp2'].apply(lambda x: scaling(x, t_avg, t_std))
df_dataset['Humi0']=df_dataset['Humi0'].apply(lambda x: scaling(x, h_avg, h_std))
df_dataset['Humi1']=df_dataset['Humi1'].apply(lambda x: scaling(x, h_avg, h_std))
df_dataset['Humi2']=df_dataset['Humi2'].apply(lambda x: scaling(x, h_avg, h_std))
```

下圖為原始與縮放後輸入特徵之分布圖比較：

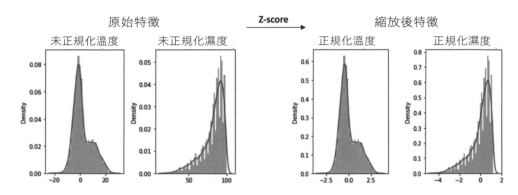

圖 3-4 原始資料（左圖）與縮放後（右圖）之輸入特徵分布圖

從上圖可以看出，Z 分數讓兩個特徵的數值範圍（x 軸）變得差不多了。

現在，資料集已準備好用來訓練預測降雪的模型了！

用 TF 訓練模型

為預測降雪而設計的模型是一種二元分類器，如下圖：

圖 3-5 預測降雪之神經網路模型

網路分層如下：

- 具有 12 個神經元以及 ReLU 啟動函式的**全連接層**，一層
- 丟棄率為 20%（0.2），為防止**過擬合**的的**丟棄層**，一層
- 具有 1 個輸出神經元以及 Sigmoid 觸發函式的**全連接層**，一層

本專案將用 TensorFlow 框架來訓練前述模型。

本專案的 Colab 筆記本請由此取得：

- preparing_model.ipynb：
  https://github.com/PacktPublishing/TinyML-Cookbook/blob/main/
  Chapter03/ColabNotebooks/preparing_model.ipynb

◉ 事前準備

本專案所設計的模型各有一個輸入和輸出的節點。輸入節點會提供網路 6
個輸入特徵：過去三個小時中每小時各自的溫度和濕度。

模型會取用輸入特徵並在輸出節點中回傳分類機率。sigmoid 函式會產生介
於 0 和 1 之間的結果，若數值小於 0.5 則為 *No*，否則為 *Yes*。

一般來說，在訓練神經網路時會需要以下四個連續步驟：

1. 編碼輸出標籤
2. 將資料集拆分為訓練、測試以及驗證部分
3. 建立模型
4. 訓練模型

本專案的實作將透過 TF 和 scikit-learn 來進行。

Scikit-Learn[5] 是一套 Python 函式庫，用於實作通用 ML 演算法，像是
SVM、隨機森林和邏輯斯迴歸。它不是 DNN 的專用框架，比較像是適用
於各種 ML 演算法的一種軟體函式庫。

---

5 https://scikit-learn.org/stable/

◉ 實作步驟

依照以下步驟使用 TF 訓練於事前準備中介紹過的模型：

1. 從名為 **df_dataset** 的 pandas DataFrame 抽出輸入特徵（**x**）和輸出標籤（**y**）：

```
f_names = df_dataset.columns.values[0:6]
l_name  = df_dataset.columns.values[6:7]
x = df_dataset[f_names]
y = df_dataset[l_name]
```

2. 將標籤編碼為數值：

```
labelencoder = LabelEncoder()
labelencoder.fit(y.Snow)
y_encoded = labelencoder.transform(y.Snow)
```

這一步會將輸出標籤（*Yes* 和 *No*）轉換為數字，因為神經網路只能處理數值型資料。使用 scikit-learn 將目標標籤轉換成整數（0 和 1）。轉換會需要呼叫以下三個函式：

A. **LabelEncoder()**，用以初始化 **LabelEncoder** 模組

B. **fit()**，透過解析輸出標籤以辨別目標整數值

C. **transform()**，將輸出標籤翻譯為數值

transform() 結束後，已編碼標籤會出現在 **y_encoded** 中。

3. 將資料集拆分為訓練、驗證和測試組：

```
# Split 1 (85% vs 15%)
x_train, x_validate_test, y_train, y_validate_test = train_test_split(x, y_
encoded, test_size=0.15, random_state = 1)
# Split 2 (50% vs 50%)
x_test, x_validate, y_test, y_validate = train_test_split(x_validate_test,
y_validate_test, test_size=0.50, random_state = 3)
```

下圖說明如何將資料集拆分為訓練、驗證與測試等部分：

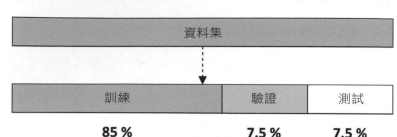

圖 3-6 資料集被拆成訓練、驗證和測試三個部分

三份資料集的說明如下：

- **訓練用資料集**：含有用來訓練模型的樣本，模型將透過這些資料學習權重和偏誤。

- **驗證用資料集**：此資料集中的樣本用於評估模型對於沒見過的資料的判斷力。此資料集在訓練過程中是用來顯示模型的一般化程度，因為它有訓練資料集中所沒有的實例。不過，因為這個資料集仍然用於模型訓練期間，我們可以透過微調一些訓練超參數以間接影響輸出模型。

- **測試用資料集**：含有在訓練結束後用來測試模型的樣本。因為測試用資料集未使用於訓練，因此它可以客觀地評估最終模型。

我們將原始資料集的 85% 用於訓練，7.5% 用於驗證，剩餘的 7.5% 則分配給了測試。這個比例會讓驗證和測試用資料集各有大約 1000 個樣本，足夠檢查模型是否可以正常運作了。

資料集的拆分可以藉由 scikit-learn 的 `train_test_split()` 函式來完成，這個函式會將資料集拆成訓練和測試部分。拆分比例由 `test_size`（或 `train_size`）輸入引數定義，代表輸入資料集有多少比例要被分配在測試（或訓練）部分。

呼叫此函式兩次以產生三個不同的資料集。第一次拆分透過 test_
size=0.15 產生出 85% 的訓練資料集。第二次拆分則是把第一次拆分
剩餘的 15% 對分以取得驗證和測試資料集。

4. 使用 Keras API 建立模型：

```
model = tf.keras.Sequential()
model.add(layers.Dense(12, activation='relu', input_shape=(len(f_names),)))
model.add(layers.Dropout(0.2))
model.add(layers.Dense(1, activation='sigmoid'))
model.summary()
```

上述程式碼會產生以下輸出：

```
Model: "sequential"

Layer (type)                  Output Shape                  Param #
=================================================================
dense (Dense)                 (None, 12)                    84

dropout (Dropout)             (None, 12)                    0

dense_1 (Dense)               (None, 1)                     13

=================================================================
Total params: 97
Trainable params: 97
Non-trainable params: 0
```

圖 3-7　model.summary() 回傳的模型摘要

摘要提供了一些關於神經網路模型架構的重要資訊，像是分層類型、
輸出形狀以及可訓練權重數量等等。

Important Note

在 TinyML 中，需要特別留意權重數量，因為它關係到程式的記憶體使
用率。

5. 編譯模型：

```
model.compile(loss='binary_crossentropy', optimizer='adam',
metrics=['accuracy'])
```

此步驟將初始化以下訓練參數：

- **損失函式**：訓練的目的在於找出權重與偏誤以最小化損失函式。損失代表預期輸出與結果之間的差距，因此損失越低的模型就越優秀。**交叉熵**是用於分類問題的標準損失函式，因為它可以讓訓練更快且讓模型更加一般化。至於二元分類器，則應使用 `binary_crossentropy`。

- **性能指標**：性能指標會評估模型預測輸出分類的準確率。**準確率**的定義為正確預測數量於總測試數量中的比例：

$$準確率 = \frac{正確預測數量}{總測試數量}$$

- **最佳化器**：最佳化器是訓練期間用來更新網路權重的演算法。最佳化器主要會影響到訓練時間。本範例使用常見的 Adam 最佳化器。

訓練參數初始化完成後，就可以開始訓練模型了。

6. 訓練模型：

```
NUM_EPOCHS=20
BATCH_SIZE=64
history = model.fit(x_train, y_train, epochs=NUM_EPOCHS, batch_size=BATCH_
SIZE, validation_data=(x_validate, y_validate))
```

在訓練期間，TF 會在每一個回合結束後回報訓練和驗證資料集各自的損失和準確率，如下圖：

```
loss: 0.3118 - accuracy: 0.8668 - val_loss: 0.3261 - val_accuracy: 0.8479
```

圖 3-8 每回合回報訓練和驗證資料集的準確率及損失

accuracy 和 loss 為訓練資料的準確率和損失，而 val_accuracy 和 val_loss 則是驗證資料的準確率和損失。

最好的做法是根據驗證資料的準確率和損失來防止**過擬合**，也可檢查模型對於沒看過的資料的處理能力。

7. 繪製訓練時期的準確率和損失：

```
loss_train = history.history['loss']
loss_val   = history.history['val_loss']
acc_train  = history.history['accuracy']
acc_val    = history.history['val_accuracy']
epochs     = range(1, NUM_EPOCHS + 1)

def plot_train_val_history(x, y_train, y_val, type_txt):
  plt.figure(figsize = (10,7))
  plt.plot(x, y_train, 'g', label='Training'+type_txt)
  plt.plot(x, y_val, 'b', label='Validation'+type_txt)
  plt.title('Training and Validation'+type_txt)
  plt.xlabel('Epochs')
  plt.ylabel(type_txt)
  plt.legend()
  plt.show()

plot_train_val_history(epochs, loss_train, loss_val, "Loss")
plot_train_val_history(epochs, acc_train, acc_val, "Accuracy")
```

上述程式碼會繪製出以下兩個圖表：

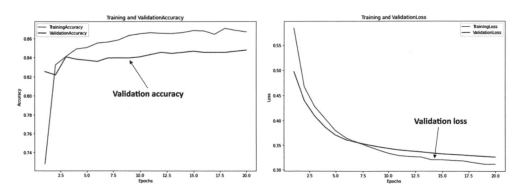

圖 3-9 訓練時期的準確率（左）和損失（右）

從訓練過程中的準確率和損失可以看出模型性能的收斂趨勢。這個趨勢可以告訴我們是否應該減少訓練以避免過擬合，或是應該繼續訓練以防擬合不足。在此範例中，驗證準確率和損失在第十回合左右表現最佳。因此，我們應該考慮提前終止訓練以避免過擬合。為此，我們可以重新訓練網路十回合就好，或是當所監控的指標無法進一步改善時，使用 EarlyStopping 這個 Keras 函式來停止訓練。更多關於 EarlyStopping 的資訊請參考：https://www.tensorflow.org/api_docs/python/tf/keras/callbacks/EarlyStopping。

8. 將整個 TF 模型儲存為 SavedModel：

```
model.save("snow_forecast")
```

SavedModel 為包含了以下內容的目錄：

- protobuf 二進制格式的 TF 模型（副檔名為 .pb）
- TF 的 checkpoint 檔 [6]
- 最佳化器、損失和性能指標等訓練參數

上述指令會建立一個 snow_forecast 資料夾，使用 Colab 左側的檔案搜尋便可瀏覽相關檔案。

我們終於有一個可以預測降雪的模型了！

評估模型的有效性

不過，只靠準確率和損失還不足以判斷模型是否有效。一般來說，若資料集是平衡的，那麼準確率會是一個不錯的性能指標，但它並不能告訴我們模型的優缺點。比方說，哪些類別是模型很有信心的？是否經常出現特定錯誤？

6　https://www.tensorflow.org/guide/checkpoint

本專案將透過視覺化混淆矩陣以及評估**召回率**、**精確率**和 **F1 分數**等性能指標來判斷模型的有效性。

本專案的 Colab 筆記本請由此取得：

- preparing_model.ipynb：
  https://github.com/PacktPublishing/TinyML-Cookbook/blob/main/
  Chapter03/ColabNotebooks/preparing_model.ipynb

◉ 事前準備

為了完成本專案，我們需要先了解什麼是混淆矩陣，以及可以使用哪些性能指標來判斷模型是否有效。

接下來會逐一介紹這些性能指標。

藉由混淆矩陣將性能視覺化

混淆矩陣是一個 $N \times N$ 的矩陣，用來顯示測試資料集中正確與錯誤預測的數量。

由於模型是二元分類，所以會是一個 2×2 的矩陣，如下圖：

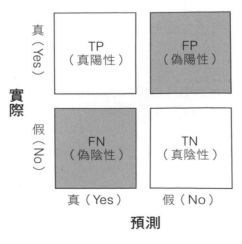

圖 **3-10** 混淆矩陣

上述混淆矩陣中的四個值說明如下：

- **真陽性（TP）**：預測陽性而結果也是陽性的數量。
- **真陰性（TN）**：預測陰性而結果也是陰性的數量。
- **偽陽性（FP）**：預測陽性而結果卻是陰性的數量。
- **偽陰性（FN）**：預測陰性而結果卻是陽性的數量。

理論上，我們會希望準確率是 100%，也就是圖 *3-10* 混淆矩陣的灰色格子（*FN* 和 *FP*）為 0。請用以下公式計算出混淆矩陣所代表的準確率：

$$accuracy = \frac{TP + TN}{TP + FP + TN + FN} \in [0, 1]$$

不過，正如之前所說，我們更想了解的是其他替代性的性能指標。接下來會介紹這些指標。

評估召回率、精確率和 F 分數

第一個要評估的性能指標為**召回率（Recall）**，公式如下：

$$Recall = \frac{TP}{TP + FN} \in [0, 1]$$

這個指標可以告訴我們全部陽性（*"yes"*）樣本中的正確預測的數量，所以召回率越高越好。

但是，這個指標不會考慮被錯誤分類的陰性樣本。也就是說，模型可以完美地分類陽性樣本，但無法處理陰性樣本。

因此出現了另一個可以顧到 FP 的指標，那就是**精確率（Precision）**，公式如下：

$$Precision = \frac{TP}{TP + FP} \in [0, 1]$$

這個指標可以告訴我們有多少樣本被預測為陽性（"*yes*"）而實際上也是陽性，因此精確率越高越好。

另一個關鍵的性能指標透過一個公式將召回率和精確率結合在了一起，那就是 **F 分數**，公式如下：

$$F-score = \frac{2 \cdot recall \cdot precision}{recall + precision}$$

這個指標可以同時評估召回率和精確率。F 分數越高表示模型的性能越好。

◉ 實作步驟

請依照以下步驟視覺化混淆矩陣，並計算召回率、精確率和 F 分數等指標：

1. 視覺化混淆矩陣：

```python
y_test_pred = model.predict(x_test)

y_test_pred = (y_test_pred > 0.5).astype("int32")

cm = sklearn.metrics.confusion_matrix(y_test, y_test_pred)

index_names  = ["Actual No Snow", "Actual Snow"]
column_names = ["Predicted No Snow", "Predicted Snow"]

df_cm = pd.DataFrame(cm, index = index_names, columns = column_names)

plt.figure(figsize = (10,7))
sns.heatmap(df_cm, annot=True, fmt='d', cmap="Blues")
plt.figure(figsize = (10,7))
```

上述程式碼輸出如下：

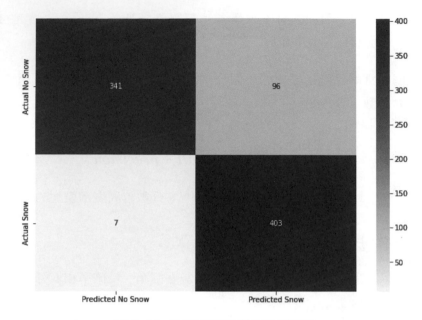

圖 **3-11** 降雪預測模型的混淆矩陣

透過以下兩個步驟可取得混淆矩陣：

A 使用 `model.predict()` 函式來預測測試資料集上的標籤，並將輸出結果閾值設為 0.5。會需要設定閾值是因為 `model.Predict()` 會回傳 sigmoid 函數的輸出，即一個介於 0~1 之間的數值。

B. 使用 scikit-learn 函式庫的 `confusion_matrix()` 函式來計算混淆矩陣（`cm`）。

從圖 3-11 可以看出，樣本主要分佈在主對角線上，且 FP 的數量高於 FN。因此，雖然本網路已可以用來預測降雪，但可能還是會做出一些錯誤預測。

2. 計算召回率、精確率與 F 分數性能指標：

```
TN = cm[0][0]
TP = cm[1][1]
FN = cm[1][0]
FP = cm[0][1]

precision = TP / (TP + FP)
recall = TP / (TP + FN)
```

```
f_score = (2 * recall * precision) / (recall + precision)

print("Recall:    ", round(recall, 3))
print("Precision: ", round(precision, 3))
print("F-score:   ", round(f_score, 3))
```

上述程式碼會在輸出記錄中顯示以下訊息：

```
Recall:     0.983
Precision:  0.808
F-score:    0.887
```

圖 3-12 召回率、精確率與 F 分數的計算結果

從計算結果得知，**召回率**為 **0.983**，因此模型可以很有自信地做出預測。不過，**精確率**偏低，只有 **0.808**。這表示要有心理準備可能會出現一些誤判。最後，**F 分數**為 **0.887**，可知召回率和精確率是平衡的，表示這是一個不錯的 ML 模型，可以藉由提供的輸入特徵來預測降雪。

現在，模型已訓練並驗證完畢，是時候把它部署在微控制器上了。

使用 TFLite 轉換器量化模型

將訓練完的網路匯出並另存為 SavedModel 時，也會同時保存網路架構、權重、訓練變數和檢查點等訓練圖。因此，所生成的 TF 模型非常適合用來分享或繼續進行訓練，但還不適合部署到微控制器上，原因如下：

- 權重是以浮點格式儲存

- 模型保留了推論時不會用到的訊息

由於目標裝置的運算能力和記憶體容量有限，因此如何再精簡訓練完的模型變得很重要。

本專案將示範如何藉由 **TensorFlow Lite（TFLite）** 框架將訓練完的模型量化並轉換為輕量、高效使用記憶體並易於解析的匯出模式。產生出來的模型會被轉成一個 C 位元組陣列，適合用來部署於微控制器。

本專案的 Colab 筆記本請由此取得（*Quantizing the model with TFLite converter* 這一段）：

- preparing_model.ipynb：

  https://github.com/PacktPublishing/TinyML-Cookbook/blob/main/

  Chapter03/ColabNotebooks/preparing_model.ipynb

◉ 事前準備

本專案的重點是 TFLite 轉換器和量化處理。TFLite[7] 是專為智慧型手機或嵌入式平台等邊緣裝置的推論而設計的深度學習框架。

TFLite 提供的工具如下：

- 將 TF 模型轉換成輕量表示

- 在裝置上高效率地執行模型

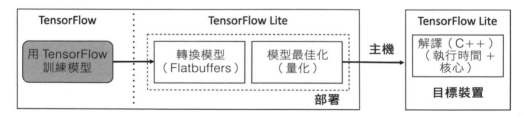

圖 3-13 TFLite 元件

TFLite 所使用的輕量模型表示的附檔名為 .tflite，在 TFLite 中被稱為 **FlatBuffers**[8]。FlatBuffers 格式提供了一個靈活、易於解析且可以有效運用記憶體的架構。TFLite 轉換器負責將 TF 模型轉成 FlatBuffers，並以 8 位元整數量化為基礎將模型最佳化，進而縮模型尺寸小並改善延遲。

---

7 https://www.tensorflow.org/lite

8 https://google.github.io/flatbuffers

量化輸入模型

量化（quantization）是讓模型適用於微控制器一項不可或缺的技術。

模型量化，或簡稱量化，主要有三項顯著的優點：

- 將所有權重轉換為較低位元精確率以縮小模型尺寸。

- 減少記憶體頻寬以降低耗電量。

- 對所有作業皆採用整數運算以提高推論性能。

這個被廣泛採用的技術是在模型訓練結束後量化，並將 32 位元的浮點權重轉成 8 位元的整數值。要理解量化的工作原理，請參考以下使用 8 位元數值近似 32 位元浮點數值的類 C 函式：

```c
float dequantize(int8 x, float zero_point, float scale) {
  return ((float)x - zero_point) * scale;
}
```

上述程式碼中，x 為以 8 位元有號整數表示的量化值，而 scale 和 zero_point 為量化參數。scale 參數用來將量化值映射到浮點範圍，反之亦然。zero_point 為量化範圍需要考慮到的誤差。

要理解為何 zero_point 不能為 0，請看以下想要縮放到 8 位元範圍的浮點輸入分佈：

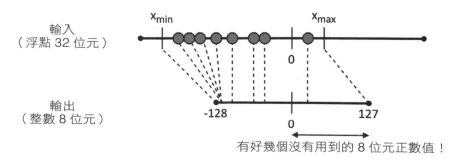

圖 3-14 數值分佈向負數範圍移動的範例

上圖中的浮點數分佈不是以 0 為中心點，而是偏向負數範圍。因此，如果直接把浮點數縮放為 8 位元，會得到以下結果：

- 太多負數值對應到同一個 8 位元數值

- 許多 8 位元正數值未被使用

因此，將 0 指定給 zero_point 效率不佳，因為我們可以分配更大範圍給負數值以降低量化誤差，公式如下：

$$\varepsilon = X_{real} - Z_{quantized}$$

當 zero_point 並非 0 時，我們通常稱之為**非對稱量化**，因為正負值兩邊被分配到的數量不同，如下圖：

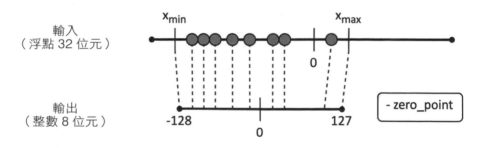

圖 3-15　非對稱量化

當 zero_point 為 0 時則稱之為**對稱量化**，因為正負值以 0 為中心點而相互對稱，如下圖：

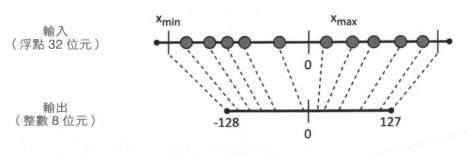

圖 3-16　對稱量化

通常模型的權重會使用對稱量化，而分層的輸入和輸出則使用不對稱量化。

量化所需的參數只有 scale 和 zero_point，一般藉由以下方式提供：

- **每張量（Per-tensor）**：所有張量元素的量化參數皆相同
- **每通道（Per-channel）**：各張量特徵圖的量化參數皆不同

下圖說明了每張量和每通道量化的不同：

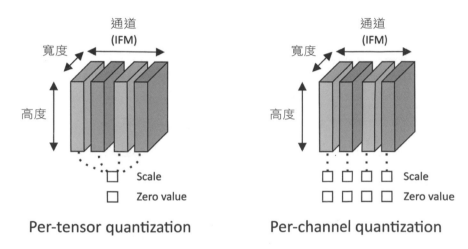

圖 3-17　每張量 vs 每通道量化

一般來說，除了卷積和深度卷積的權重及偏誤以外，都是用每張量量化。

◉ 實作步驟

請依照以下步驟操作 TFLite 轉換器量化並產生適用於微控制器的模型：

1. 從測試資料集中隨機挑選出幾百個樣本以校正量化：

```
def representative_data_gen():
  for i_value in tf.data.Dataset.from_tensor_slices(x_test).batch(1).
take(100):
    i_value_f32 = tf.dtypes.cast(i_value, tf.float32)
    yield [i_value_f32]
```

此步驟通常稱為產生代表性資料集，為降低量化精確率下降的風險之必要步驟。事實上，轉換器會用這組樣本找出輸入值的範圍然後估算出量化參數。通常 100 個樣本就夠了，也可以輕易地從測試或訓練資料集中擷取。本範例是從測試資料集選出。

2. 將 TF SavedModel 目錄匯入 TFLite 轉換器：

```
converter = tf.lite.TFLiteConverter.from_saved_model("snow_forecast")
```

3. 初始化用於 8 位元量化的 TFLite 轉換器：

```
# Representative dataset
converter.representative_dataset = tf.lite.RepresentativeDataset(representative_data_gen)
# Optimizations
converter.optimizations = [tf.lite.Optimize.DEFAULT]
# Supported ops
converter.target_spec.supported_ops = [tf.lite.OpsSet.TFLITE_BUILTINS_INT8]
# Inference input/output type
converter.inference_input_type = tf.int8
converter.inference_output_type = tf.int8
```

在此步驟中，將 TFLite 轉換器設定為適用 8 位元量化，傳入的輸入引數如下：

- **代表性資料集**：即在步驟 1 所產生的代表性資料集

- **最佳化**：定義採用的最佳化策略。目前僅支援 DEFAULT 最佳化，也就是同時最佳化模型大小和等待時間，並盡量避免精確率變差。

- **支援作業**：強制在轉換期間僅採用整數 8 位元運算符。如果模型有不支援的核心，轉換便會失敗。

- **推論輸入 / 輸出類型**：網路的輸入和輸出會採用 8 位元量化格式。因此，需要為 ML 模型提供量化輸入特徵才能正確地執行推論。

TFLite 初始化完成之後，便可進行轉換：

```
tflite_model_quant = converter.convert()
```

4. 將轉換後的模型儲存為 `.tflite` 檔：

```
open("snow_forecast_model.tflite", "wb").write(tflite_model_quant)
```

5. 用 xxd 將 TFLite 模型轉換為 C 位元組陣列：

```
!apt-get update && apt-get -qq install xxd
!xxd -i snow_forecast_model.tflite > model.
```

上述指令會將包含了 TFLite 模型的 C 標頭檔（`-i` 選項）輸出為由多個十六進位數所組成的 `unsigned char` 陣列。不過，在事前準備中，曾經提到模型為一個副檔名為 `.tflite` 的檔案。這樣的話，為什麼還要多轉一次呢？將模型轉換為 C 位元組陣列對於要將模型部署在微控制器上非常重要，因為 `.tflite` 格式需要在應用程式中加入一個額外的軟體函式庫才能從記憶體下載檔案。別忘了大多數的微控制器根本沒有作業系統，也沒有本機檔案系統的支援。因此，C 位元組陣列讓我們可以直接將模型整合到應用程式中。此轉換的另一個重點是，`tflite` 檔案無法將權重儲存在程式的記憶體中。由於每一個位元都很重要，但 SRAM 容量有限。因此當權重為常數時，將模型儲存在程式記憶體中通常可以提高記憶體效率。

現在，請從 Colab 左側下載所生成的 `model.h` 檔案。TFLite 模型是存放在 `snow_forecast_model_tflite` 陣列中。

使用 Arduino Nano 內建的溫度與濕度感測器

我們都知道 Arduino Nano 和 Raspberry Pi Pico 具有獨特的硬體特性，非常適合處理各種不同的開發情境。例如，Arduino Nano 內建了溫度和濕度感測器，因此如果在本專案使用 Arduino Nano 的話就不需要外接元件。

本專案將示範如何讀取 Arduino Nano 上的溫度和濕度感測器數值。

本專案的 Arduino 草稿碼請由此取得：

- 06_sensor_arduino_nano.ino：
  https://github.com/PacktPublishing/TinyML-Cookbook/blob/main/
  Chapter03/ArduinoSketches/06_sensor_arduino_nano.ino

◉ 事前準備

本專案不需要再了解其他特別的新東西了。因此，在事前準備部分只會簡單介紹 Arduino Nano 內建式溫度濕度感測器的一些主要特性。

Arduino Nano 開發板整合了意法半導體[9]的 **HTS221 感測器**[10]，用於測量相對濕度和溫度。

這顆感測器超級小（僅 2×2mm），並可由兩種數位序列介面來提供讀取結果。下表為此感測器的主要特性：

相對濕度範圍	0 ~ 100%
溫度範圍	-40°C ~ 120°C
濕度精確率	±3.5°C
溫度精確率	±0.5°C
耗電量	輸出資料速率 1 Hz 時，耗電量為 2 uA

圖 **3-18** HTS221 溫度濕度感測器的主要特性

從上表可知，這顆感測器的功耗極低，因為它的耗電量僅有數微安培。

---

9 https://www.st.com/content/st_com/en.html

10 https://www.st.com/resource/en/datasheet/HTS221.pdf

◉ 實作步驟

在 Arduino IDE 上新建一個草稿碼，並依照以下步驟初始化並測試 Arduino
Nano 上的溫度和濕度感測器：

1. 匯入 **Arduino_HTS221.h** C 標頭檔：

```
#include <Arduino HTS221.h>
```

2. 建立類函式巨集以讀取溫度和濕度：

```
#define READ_TEMPERATURE() HTS.readTemperature()
#define READ_HUMIDITY() HTS.readHumidity()
```

之所以要定義上述兩個 C 巨集是因為 Raspberry Pi Pico 會用不同的
函式來讀取感測器偵測到的溫度和濕度。因此，使用共同介面會更實
用，這樣一來 Arduino Nano 和 Raspberry Pi Pico 應用程式可以共用大
部分的程式碼。

3. 於 **setup()** 函式中初始化序列週邊與 HTS221 感測器：

```
void setup() {
  Serial.begin(9600);
  while (!Serial);
  if (!HTS.begin()) {
    Serial.println("Failed initialization of HTS221!");
    while (1);
  }
}
```

序列週邊用於回傳分類結果。

Important Note

Arduino Nano 33 BLE Sense 的常見問答集中提到，因開發板會發熱，若
是用 *USB* 供電會導致 *HTS221* 的讀數不準，且每個讀數會隨著外部溫
度的變化產生不同誤差。

因此，建議不要使用 USB 傳輸線，而是藉由電池從 VIN 腳位為開發板供
電，來取得可靠的測量結果。請回顧第 2 章以了解如何用電池供電。

在 RPi Pico 上使用 DHT22 感測器

相較於 Arduino Nano，Raspberry Pi Pico 就需要外接感測器元件以及軟體函式庫才能測量溫度和濕度。

本專案將示範如何在 Raspberry Pico 上使用 DHT22 感測器來測量溫度和濕度。

本專案的 Arduino 草稿碼請由此取得：

- 07_sensor_rasp_pico.ino：
  https://github.com/PacktPublishing/TinyML-Cookbook/blob/main/
  Chapter03/ArduinoSketches/07_sensor_rasp_pico.ino

◉ 事前準備

適用 Raspberry Pi Pico 的溫度濕度感測器模組為售價親民的 **AM2302**，可從 Adafruit[11] 或 Amazon 購得。

AM2302 模組是一塊整合了 DHT22 溫度濕度感測器並具有三支引腳的通孔元件，如下圖：

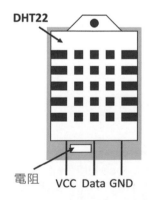

圖 3-19　含有 DHT22 感測器的 AM2302 模組

---

11 https://www.adafruit.com/product/393

下表為 DHT22 感測器的主要特性：

相對濕度範圍	0 ~ 100%
溫度範圍	-40°C ~ 80°C
濕度精確率	2~5°C
溫度精確率	±0.5°C
耗電量	請求資料時最高耗電量可達 2.5 毫安培

圖 3-20　DHT22 溫濕度感測器的主要特性

> **Note**
>
> DHT11 是 DHT 系列中另一款很受歡迎的溫度濕度感測器。不過不適用於本專案，因為它只在攝氏 0~50 度能有良好的精確率。

相較於 Arduino Nano 內建的 HTS221 感測器，DHT22 是透過數位通訊協定來讀取溫度與濕度。該協議必須透過 GPIO 實作，並且需要精準的時序以讀取資料。幸運的是，Adafruit 提供了 DHT 系列感測器的開發函式庫 [12]，所以我們不需要擔心。函式庫會處理底層運作的細節並提供可讀取濕度及溫度的 API。

◉ 實作步驟

請在 Arduino IDE 上建立一個新草稿碼，依照以下步驟便可讓 Raspberry Pi Pico 介接 DHT22 感測器：

1. 將 DHT22 感測器接上 Raspberry Pi Pico。請將 Raspberry Pi Pico 編號 G10 的 GPIO（第 14 列）接到 DHT22 的資料腳位：

---

12 https://github.com/adafruit/DHT-sensor-library

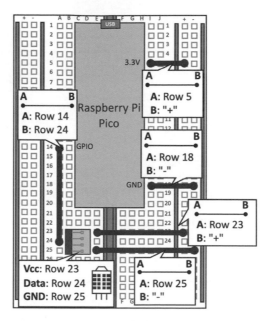

圖 **3-21**　Raspberry Pi Pico 和 AM2302 感測器模組的完整電路

2. 請下載最新的 DHT 感測器函式庫 [13]。在 Arduino IDE 中，點擊左側的 Libraries，然後點選 Import 圖示匯入壓縮檔，如下圖：

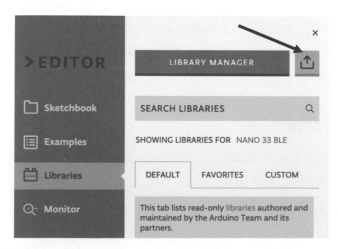

圖 **3-22**　將 DHT 感測器函式庫匯入 Arduino Web Editor

---

13 https://www.arduino.cc/reference/en/libraries/dht-sensor-library/

會出現一個彈跳視窗顯示匯入成功。

3. 將 DHT.h 標頭檔匯入草稿：

```
#include <DHT.h>
```

4. 定義全域物件 DHT 來介接 DHT22 感測器：

```
const int gpio_pin_dht_pin = 10;
DHT dht(gpio_pin_dht_pin, DHT22);
```

藉由 DHT22 資料腳位所連接的 GPIO 腳位（G10）以及 DHT 感測器類型（DHT22）來初始化 DHT 物件。

5. 建立類函式巨集以讀取溫度和濕度：

```
#define READ_TEMPERATURE() dht.readTemperature()
#define READ_HUMIDITY() dht.readHumidity()
```

函式名稱必須與上一個專案相同。此步驟可透過一個共同函式介面來測量 Arduino Nano 和 Raspberry Pi Pico 上的溫度與濕度。

6. 於 setup() 函式初始化序列週邊與 DHT22 感測器：

```
void setup() {
  Serial.begin(9600);
  while(!Serial);
  dht.begin();
  delay(2000);
}
```

由於 DHT22 需等待兩秒才會回傳新數值，因此在此要使用 delay(2000) 來等待週邊準備好。

現在，Raspberry Pi Pico 也可以讀取感測器的溫度和濕度資料了。

為模型推論準備輸入特徵

如前所述,模型的輸入特徵會是近 3 個小時且經過縮放並量化後的溫度和濕度值。模型將藉由這些資料預測是否降雪。

本專案將示範如何準備要送進 ML 模型的輸入資料。特別將針對讀取、縮放與量化感測器測量以及利用**循環緩衝(circular buffer)**以維持資料的時間順序做說明。

本專案的 Arduino 草稿碼請由此取得:

- 08_input_features.ino:
  https://github.com/PacktPublishing/TinyML-Cookbook/blob/main/Chapter03/ArduinoSketches/08_input_features.ino

◉ 事前準備

本應用程式每小時會讀取一次溫度與濕度資料來取得模型所需的輸入特徵。然而,要如何將最後三個測量值按時間順序保存以便為網路提供正確的輸入呢?

為此,本專案將使用循環緩衝,就是一種實做**先進先出(FIFO)**緩衝的固定大小的資料結構。

這種資料結構很適合用來緩衝資料流,並可透過陣列與用於指明元素在記憶體中存放位置的指位器即可實作。下圖說明了具有三個元件之循環緩衝的工作原理:

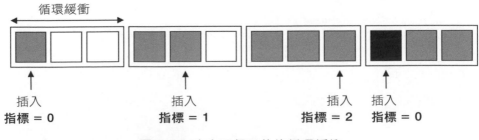

圖 3-23 含有三個元件的循環緩衝

從上圖可知，這是一個環狀的資料結構，因為指標（**Ptr**）在每一次資料插入後會遞增，並在抵達終點後返回起點。

⊙ 實作步驟

以下步驟適用於 Arduino Nano 和 Raspberry Pi Pico。請根據以下步驟建立循環緩衝並準備模型推論用的輸入特徵：

1. 定義兩個大小為 3 的全域 int8_t 陣列，以及一個實作循環緩衝資料結構的整數變數：

```
#define NUM_HOURS 3
int8_t t_vals [NUM_HOURS] = {0};
int8_t h_vals [NUM_HOURS] = {0};
int cur_idx = 0;
```

這兩個陣列會將縮放並量化後的溫度與濕度數值按時間順序保存。

2. 為輸入特徵的 scale(float) 和 zero_point(int32_t) 量化參數定義變數：

```
float   tflu_i_scale      = 0.0f;
int32_t tflu_i_zero_point = 0;
```

以下專案會從 TF 模型擷取這些量化參數。請注意 scale(tflu_i_scale) 為浮點數，而 zero point(tflu_i_zero_point) 則是 32 位元整數。

3. 取得在 loop() 函式每 3 秒擷取一次的三筆溫度與濕度樣本的平均值：

```
constexpr int num_reads = 3;
void loop() {
  float t = 0.0f;
  float h = 0.0f;
  for(int i = 0; i < num_reads; ++i) {
    t += READ_TEMPERATURE();
    h += READ_HUMIDITY();
    delay(3000);
  }
  t /= (float)num_reads;
  h /= (float)num_reads;
```

通常，取得較多樣本會讓測量較為穩定。

4. 於 `loop()` 函式中用 Z 分數來縮放溫度與濕度。

```
constexpr float t_mean  = 2.05179f;
constexpr float h_mean  = 82.30551f;
constexpr float t_std   = 7.33084f;
constexpr float h_std   = 14.55707f;
t = (t - t_mean) / t_std;
h = (h - h_mean) / h_std;
```

Z 分數會用到溫度和濕度平均值和標準差，也就是本章第二個專案計算出的結果。

5. 於 `loop()` 函式中量化輸入特徵：

```
t_vals[cur_idx] = (t / tflu_i_scale) + tflu_i_zero_point;
h_vals[cur_idx] = (h / tflu_i_scale) + tflu_i_zero_point;
```

使用 `tflu_i_scale` 和 `tflu_i_zero_point` 輸入量化參數來量化樣本。請記得，模型的輸入要採用每張量量化，代表所有輸入特徵都要用一樣的比例和零點來量化。

6. 將溫度濕度感測器存放於環形陣列中：

```
t_vals[cur_idx] = t;
h_vals[cur_idx] = h;
cur_idx = (cur_idx + 1) % NUM_HOURS;
delay(2000);
```

循環緩衝的指標（`cur_index`）會在每次資料插入後更新，公式如下：

$$index_{new} = (index_{current} + 1) \% length_{array}$$

上述公式中，$length_{array}$ 為循環緩衝的大小，而 $index_{current}$ 和 $index_{new}$ 為指標在資料插入前後的數值。

Important Note

程式碼最後有一個 2 秒的等待時間，但在實際應用中應為一小時。在此設定為 2 秒是為了避免在實驗階段等太久。

使用 TFLu 於裝置上執行推論

終於，我們有了第一個適用於微控制器的 ML 應用程式。

本專案將示範如何透過 **TensorFlow Lite for Microcontrollers（TFLu）** 框架在 Arduino Nano 和 Raspberry Pi Pico 上執行 TFLite 模型。

本專案的 Arduino 草稿碼請由此取得：

- `09_classification.ino`：
  https://github.com/PacktPublishing/TinyML-Cookbook/blob/main/Chapter03/ArduinoSketches/09_classification.ino

◉ 事前準備

在開始最後一個專案之前，我們需要先了解 TFlu 推論的運作方式。

第 1 章曾介紹過 **TFLu**，它是一種可以在微控制器上執行 **TFLite** 模型的軟體元件。

TFLu 推論通常包含以下幾個階段：

1. **加載與解析模型**：TFLu 會解析儲存在位元組陣列中的權重和網路架構。

2. **轉換輸入資料**：將從感測器取得的輸入資料轉換為模型可處理的格式。

3. **執行模型**：TFLu 會使用最佳化 DNN 函式來執行模型。

在使用微控制器時，會需要將每一條程式碼最佳化，盡可能降低記憶體用量才能提高性能。

為此，**TFLu** 也整合了許多函式庫以便讓各種處理器發揮最佳性能。例如，TFLu 支援了 **CMSIS-NN**[14]，它是 Arm 為了在 Arm Cortex-M 架構上做到 DNN 運算最佳化而開發的開源函式庫。這些最佳化運算與卷積、深度卷積

---

14 https://www.keil.com/pack/doc/CMSIS/NN/html/index.html

和全連接層等關鍵 DNN 原語相關，並且相容於 Arduino Nano 和 Raspberry Pi Pico 中的 Arm 處理器。

此時，你可能會想：如何同時使用 TFLu 和 CMSIS-NN ？

我們不需要安裝額外的函式庫，因為 Arduino 用的 TFLu 已包含了 CMSIS-NN。因此，Arduino 在使用 TFLu 時會自動匯入 CMSIS-NN 來加速推論。

◎ 實作步驟

以下步驟適用於 Arduino Nano 與 Raspberry Pi Pico。接下來將示範如何藉由 TFLu 執行開發板上的 TFLite 降雪預測模型：

1. 將 model.h 檔匯入 Arduino 專案。點擊倒三角形的選單後選擇 **Import File into Sketch**，如下圖：

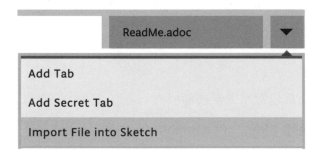

圖 3-24 　將 model.h 檔匯入 Arduino 專案

會出現一個資料夾頁面，請從中選擇 TFLu 的模型檔案。

檔案匯入後，將 C 標頭檔匯入草稿碼：

```
#include "model.h"
```

2. 匯入 TFLu 所需的標頭檔：

```
#include <TensorFlowLite.h>
#include <tensorflow/lite/micro/all_ops_resolver.h>
#include <tensorflow/lite/micro/micro_error_reporter.h>
#include <tensorflow/lite/micro/micro_interpreter.h>
```

```
#include <tensorflow/lite/schema/schema_generated.h>
#include <tensorflow/lite/version.h>
```

主要的標頭檔說明如下：

- `all_ops_resolver.h`：載入執行 ML 模型所需的 DNN 運算子。

- `micro_error_reporter.h`：輸出 TFLu 運行時間回傳的除錯資訊。

- `micro_interpreter.h`：載入並執行 ML 模型。

- `schema_generated.h`：TFLite FlatBuffer 格式的概要。

- `version.h`：TFLite 概要的版本管理。

更多關於標頭檔的資訊請參考 TF 文件中的 *Get started with microcontroller guide* 一節 [15]。

3. 宣告 TFLu 所需變數：

```
const tflite::Model* tflu_model              = nullptr;
tflite::MicroInterpreter* tflu_interpreter = nullptr;
TfLiteTensor* tflu_i_tensor                  = nullptr;
TfLiteTensor* tflu_o_tensor                  = nullptr;
tflite::MicroErrorReporter tflu_error;
constexpr int tensor_arena_size = 4 * 1024;
byte tensor_arena[tensor_arena_size] __attribute__((aligned(16)));
```

此步驟中宣告的全域變數如下：

- `tflu_model`：TFLu 解析器解析的模型。

- `tflu_interpreter`：TFLu 解譯器的指標。

- `tflu_i_tensor`：模型輸入張量的指標。

- `tflu_o_tensor`：模型輸出張量的指標。

- `tensor_arena`：TFLu 解譯器所需記憶體大小。由於 TFLu 不會用到動態分配記憶體，因此需要為輸入、輸出和中間張量分配固定的記

---

15 https://www.tensorflow.org/lite/microcontrollers/get_started_low_level

憶體容量。記憶體大小完全取決於模型，且只能透過實驗來確定。對本專案來說，4,096 已綽綽有餘。

通常，基於 TFLu 的應用程式都會需要上述變數。

4. 於 setup() 函式中，載入 snow_forecast_model_tflite 陣列中的 TFLite 模型：

```
tflu_model = tflite::GetModel(snow_forecast_model_tflite);
```

5. 於 setup() 函式中定義 tflite::AllOpsResolver 物件：

```
tflite::AllOpsResolver tflu_ops_resolver;
```

TFLu 解譯器會用這個介接來為每一個 DNN 運算符找出函式指標：

6. 於 setup() 函式中建立 TFLu 解譯器：

```
tflu_interpreter = new tflite::MicroInterpreter(tflu_model, tflu_ops_
resolver, tensor_arena, tensor_arena_size, &tflu_error);
```

7. 分配模型所需的記憶體，並取得 setup() 函式中的輸入與輸出張量之記憶體指標：

```
tflu_interpreter->AllocateTensors();
tflu_i_tensor = tflu_interpreter->input(0);
tflu_o_tensor = tflu_interpreter->output(0);
```

8. 取得 setup() 函式中輸入與輸出張量的量化參數：

```
const auto* i_quantization = reinterpret_cast<TfLiteAffineQuantization*>(tf
lu_i_tensor->quantization.params);
onst auto* o_quantization = reinterpret_cast<TfLiteAffineQuantization*>(tf
lu_o_tensor->quantization.params);
tflu_i_scale      = i_quantization->scale->data[0];
tflu_i_zero_point = i_quantization->zero_point->data[0];
tflu_o_scale      = o_quantization->scale->data[0];
tflu_o_zero_point = o_quantization->zero_point->data[0];
```

量化參數會在 **TfLiteAffineQuantization** 物件中回傳，其中包含了 **scale** 和 **zero point** 參數的兩個陣列。因為輸入和輸出張量都採用每張量量化，因此每個陣列都只有一個數值。

9. 用 **loop()** 函式中的量化後輸入特徵來初始化輸入張量：

```
const int idx0 = cur_idx;
const int idx1 = (cur_idx - 1 + NUM_HOURS) % NUM_HOURS;
const int idx2 = (cur_idx - 2 + NUM_HOURS) % NUM_HOURS;
tflu_i_tensor->data.int8[0] = t_vals[idx2];
tflu_i_tensor->data.int8[1] = t_vals[idx1];
tflu_i_tensor->data.int8[2] = t_vals[idx0];
tflu_i_tensor->data.int8[3] = h_vals[idx2];
tflu_i_tensor->data.int8[4] = h_vals[idx1];
tflu_i_tensor->data.int8[5] = h_vals[idx0];
```

由於會用到最後三個樣本，因此要用以下公式來讀取循環緩衝：

$$index_{past} = \left(index_{current} - N + length_{array}\right) \% \, length_{array}$$

上述公式中，N 為抽樣瞬間，而 $index_{past}$ 為相對應的循環緩衝指標。也就是說，如果 *t0* 為當前瞬間，N = 0 表示在 t 時間時的樣本為 *t0*，N = 1 表示 t 時間時的樣本為 *t0 - 1*，N = 2 表示 t 時間時的樣本為 *t0 - 2*。

10. 在 **loop()** 函式中執行推論：

```
tflu interpreter->Invoke();
```

11. 在 **loop()** 函式中為輸出張量去量化，並預測天氣狀況：

```
int8_t out_int8 = tflu_o_tensor->data.int8[0];
float out_f = (out_int8 - tflu_o_zero_point) * tflu_o_scale;

if (out_f > 0.5) {
  Serial.println("Yes, it snows");
}
else {
  Serial.println("No, it does not snow");
}
```

輸出的去量化是透過 setup() 函式中的 tflu_o_scale 和 tflu_o_zero_
point 量化參數完成的。有了浮點表示法之後，輸出結果在低於 0.5 時
為 *No*，反之為 *Yes*。

編譯並將草稿碼上傳到微控制器。Arduino IDE 的序列埠會根據預測結果顯
示「**Yes, it snows**」或「**No, it does not snow**」。

若要檢查應用程式是否可以正確預測，你可以將溫度強制設定為 -10，濕度
為 100，模型應回傳「**Yes, it snows**」訊息序列埠。

CHAPTER 4

透過 Edge Impulse 聲控 LED

關鍵字辨識（Keyword spotting, KWS） 是一種廣泛應用於日常生活中的技術，讓裝置可以完全免手持，解放你的雙手。偵測著名的喚醒句如 *OK Google*、*Alexa*、*Hey Siri* 或 *Cortana* 意味著這項技術有一種特殊用法，也就是智慧助理會在與裝置開始互動之前持續聆聽並等待呼喚。

由於 KWS 的目的在於從即時語音中辨識某段話語，因此它需要被部署在裝置上、持續運作而且要在低功耗系統上有一定的效率。

本章將透過 **Edge Impulse** 向你示範 KWS 的用途，過程中會製作一個可由語音來控制發光二**極體（light-emitting diode, LED）** 的發光狀況以及閃爍次數（一到三次）的應用程式。

這項 TinyML 技術可以應用在學習顏色或數字相關詞彙的智慧益智玩具上，因為它不需要上網，所以不用擔心隱私和安全性。

本章將從資料準備開始，並示範如何用手機取得語音資料。接著會設計一個以**梅爾頻率倒頻譜係數（MFCC）**，這個最常用的語音識別特徵為基礎的模型。接下來的專案會示範如何從語音樣本中擷取

MFCC、訓練**機器學習（ML）**模型並藉由 **EON Tuner** 將性能最佳化。最後則會將 KWS 應用程式部署在 **Arduino Nano** 和 **Raspberry Pi Pico** 上。

本章的目的在於示範如何用 Edge Impulse 開發**端對端（E2E）**的 KWS 應用程式，並熟悉語音資料的取得和**類比數位轉換器（ADC）**的使用方式。

本章主題如下：

- 使用智慧型手機收集語音資料
- 從語音樣本擷取 MFCC 特徵
- 設計與訓練**神經網路（NN）**模型
- 使用 EON Tuner 調整模型性能
- 使用智慧型手機進行即時分類
- 使用 Arduino Nano 進行即時分類
- 在 Arduino Nano 上連續推論
- 使用 Raspberry Pi Pico 建立聲控 LED 電路

在 Raspberry Pi Pico 上藉由 ADC 和計時器中斷進行語音抽樣

技術需求

本章所有實作範例所需項目如下：

- Arduino Nano 33 BLE Sense 開發板，一片
- Raspberry Pi Pico 開發板，一片
- 智慧型手機（Android 或 iOS 系統）
- Micro-**USB** 傳輸線，一條
- ½ 尺寸免焊麵包板，一片
- MAX9814 駐極體麥克風擴音器，一個（僅用於 Raspberry Pi Pico）

- 跳線，11 條（僅用於 Raspberry Pi Pico）

- 220 歐姆電阻，2 顆（僅用於 Raspberry Pi Pico）

- 100 歐姆電阻，1 顆（僅用於 Raspberry Pi Pico）

- 紅色 LED，1 顆（僅用於 Raspberry Pi Pico）

- 綠色 LED，1 顆（僅用於 Raspberry Pi Pico）

- 藍色 LED，1 顆（僅用於 Raspberry Pi Pico）

- 按鈕，1 顆（僅用於 Raspberry Pi Pico）

- 安裝 Ubuntu 18.04+ 或 Windows 10 x86-64 的筆記型或 PC

本章程式原始碼與相關材料請由本書 Github 的 `Chapter04` 資料夾取得：

`https://github.com/PacktPublishing/TinyML-Cookbook/tree/main/Chapter04`

使用智慧型手機收集語音資料

收集資料是所有 ML 問題的第一步，Edge Impulse 提供了幾種可以直接在網頁上執行的方法。

本專案將示範如何使用智慧型手機收集語音樣本。

◉ 事前準備

使用智慧型手機收集語音樣本是 Edge Impulse 提供的資料收集方法中最簡單的一種，因為它只需要一支可以上網的手機（Android 或 iPhone 皆可）。

不過，訓練一個模型需要用到多少樣本呢？

為 KWS 收集語音樣本

樣本數量完全取決於問題屬性－因此，沒有一個能夠適用於所有情況的萬用法。對本專案來說，各分類有 50 筆樣本就足以獲得一個基礎模型。不過，通常會建議收集 100 筆以上以獲得更好的結果。這方面你可以自己決定，但請記得每個分類的樣本數要中盡量相等以確保資料集的平衡。

無論最後的資料集是大是小，請試著在語音實例中加入變化，例如口音，聲調、音高、發音和語調。這些變化讓模型能夠辨別來自不同發話者的語句。一般來說，錄製不同年齡和性別的人說話就可以滿足這些情況。

雖然總共已經有 6 個輸出分類需要辨識（red、green、blue、one、two 和 three），我們還會需要多加一個分類以防有其他人在說話或是語句中出現未知單字。

◉ 實作步驟

開啟 Edge Impulse 並建立一個新的專案。Edge Impulse 會要求你輸入專案名稱，本專案的名稱為 voice_controlling_leds。

> **Note**
>
> 本專案中的 N 代表各個輸出分類的樣本數。

按照以下步驟即可透過手機的麥克風獲得語音資料：

1. 點擊 **Acquire data** 下的 **Let's collect some data**。

   接著，點擊選單中 **Use your mobile phone** 旁的 **Show QR code**：

   Use your mobile phone

   Use your mobile phone to capture movement, audio or images, and even run your trained model locally. No app required.

   [Show QR code]

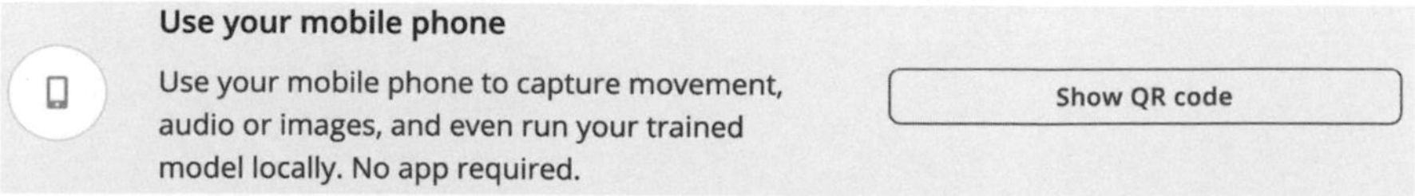

   圖 4-1 點擊 Show QR code 來配對 Edge Impulse 與手機

用手機掃描**行動條碼（QR）**與 Edge Impulse 進行配對。手機螢幕上會跳出一個視窗顯示連線成功，如下圖：

**Connected as
phone_kseq4mtp**

You can collect data from this device
from the **Data acquisition** page in
the Edge Impulse studio.

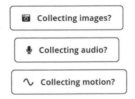

圖 **4-2** 顯示於手機上的 Edge Impulse 訊息

從手機點選 **Collecting audio?**，並允許使用麥克風。

由於電腦和手機不需要位於相同的網路之中，因此可以在任何地方收集樣本。可想而知，這非常適合用來錄製不同環境下的聲音，因為只會用到一台可以上網的手機就好。

2. 為每一個類別（紅、綠、藍、一次、二次和三次）錄製 N 個話語（例如 50 個）。在點擊 **Start recording** 之前將 **Category** 設為 **Training**，並根據所說的語句將以下標籤輸入 **Label** 欄位：

Class	Red	Green	Blue	One	Two	Three
Label	00_red	01_green	02_blue	03_one	04_two	05_three

圖 **4-3** 輸出分類標籤

標籤編碼會依照字母順序為每一個輸出類別一個整數，在此所設定的 名 稱（`00_red`、`01_green`、`02_blue`、`03_one`、`04_two` 和 `05_three`）可以幫助我們了解標籤索引中包含的是顏色還是數字。比方說，如果索引小於 3，便是顏色。

建議在同一次錄音中重複幾次相同的話語以避免上傳太多檔案到 Edge Impulse。例如，可以錄製一段 **20 秒**的語音，其中重複同一個單字 10 次並在每一次說完時停頓 1 秒。

錄音會被保存在 **Data acquisition** 中，點開檔案即可看到音檔的波形圖：

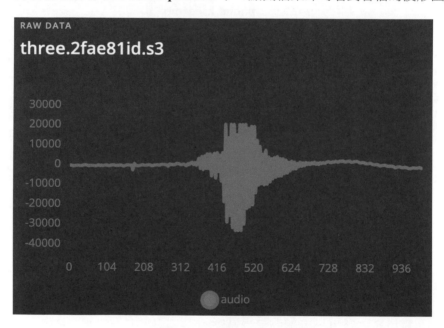

圖 4-4 音檔的波形圖

原始的波形圖為麥克風錄製下來的訊號以圖形方式表現的聲壓在不同時間下的變化。縱軸為聲音的振幅，而橫軸為時間。波形的振幅越大，代表人耳可感受到的音量也愈高。

3. 點擊檔案名旁邊的 **⋮**，接著點擊 **Split sample** 便可將包含多個重複話語
   的音檔分割開來，如下圖：

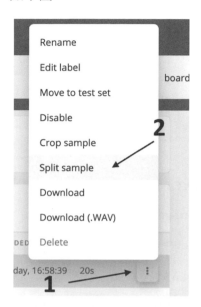

圖 **4-5** 拆分樣本

Edge Impulse 會自動偵測所說的語句，如下圖：

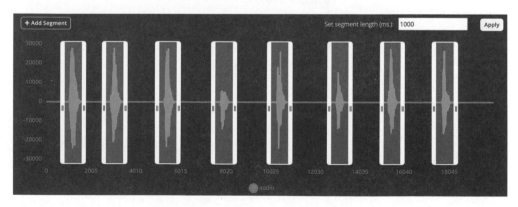

圖 **4-6** 包含多個重複話語的音檔波形圖

將區段長度設為 **1000 毫秒（ms）**，並確保所有樣本皆位於窗的中央。
接著點擊 **Split** 來分割樣本。

4. 從 Edge Impulse 下載關鍵字資料集[1]並解壓縮。從 unknown 資料集中將 *N* 個隨機樣本匯入 Edge Impulse 專案。前往 **Data acquisition** 並點擊 **Collect data menu** 下的 **Upload existing data**：

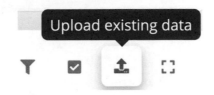

圖 **4-7** 上傳既有訓練資料

在 **UPLOAD DATA** 頁面中執行以下步驟：

- 將 **Upload category** 設為 **Training**
- 在 **Enter label** 中填入 unknown

點擊 **Begin upload** 將檔案匯入資料集。

5. 從 **Dashboard** 下的 **Danger zone** 找到 **Perform train / test split**，點擊即可拆分訓練和測試資料集：

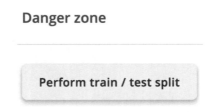

圖 **4-8** Edge Impulse 中的 Danger zone

Edge Impulse 會詢問你兩次是否確定執行，因為資料一旦被打亂便無法復原。

執行後，80% 的樣本會被用於訓練 / 驗證，剩餘 20% 則用作測試。

---

1 https://cdn.edgeimpulse.com/datasets/keywords2.zip

從語音樣本擷取 MFCC 特徵

使用 Edge Impulse 建立 ML 應用程式時，**impulse** 會負責如特徵擷取和模型推論等所有的資料處理。

本專案將設計一個 impulse 專案從語音樣本擷取 MFCC 特徵。

◉ 事前準備

首先了解什麼是 impulse，以及用於 KWS 應用程式的 MFCC 特徵。

在 Edge Impulse 中，impulse 會負責資料處理並且主要由兩個運算區塊組成：

- **處理區塊**：這是任何 ML 應用程式最初的步驟，目的是為 ML 演算法準備資料。

- **學習區塊**：此區塊會實作 ML 解決方案，目的在於從處理區塊提供的資料中學習某種樣式。

處理區塊決定了 ML 的有效性，因為通常原始資料不適合用來直接輸入模型。例如，輸入訊號有雜音，或包含了對模型訓練來說無關或多餘的訊息等這類常見的狀況。

因此，Edge Impulse 提供了多種預設或可自訂的處理功能。

本專案將使用 **MFCC 特徵擷取**這個處理區塊，下一節將進一步說明。

在頻域中分析語音

相較於透過**卷積神經網路（CNN）**在學習過程中即可擷取特徵的視覺應用程式，一般的語音辨識模型都不擅長處理原始的語音資料。因此，特徵擷取會需要在處理區塊中進行。

根據物理學，我們知道聲音是在空氣中傳播的分子波動。如果播放一個單音，那麼麥克風會錄到一個正弦波：

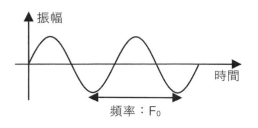

圖 4-9 正弦波

儘管自然界中的聲響不可能只有一個音調，但每一種聲音都可以表現成有著不同頻率和振幅的正弦波。

由於頻率和振幅為正弦波的特徵，我們會透過**功率頻譜**來代表頻域的分量：

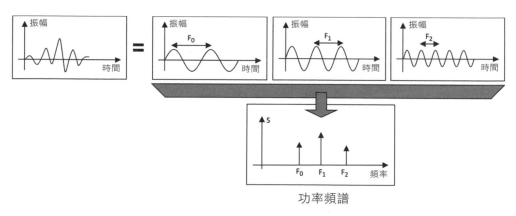

圖 4-10 頻域中的訊號表現

功率頻譜的橫軸為頻率，縱軸為各分量的功率（S）。

將數位語音波形分解為其所有組成正弦波（又稱為**分量**）時，必定會用到的技術就是**離散傅立葉轉換（DFT）**。

了解語音訊號的頻率表現方式之後，接下來討論要產生怎樣的資料作為CNN 輸入特徵。

產生梅爾頻譜

頻譜（spectrogram）可呈現出功率頻譜的時序變化，因此可將其視為聲音訊號的圖形表示方式。

將語音波形切成較小的區段，並對每個區段上使用 DFT 便可獲得頻譜，如下圖：

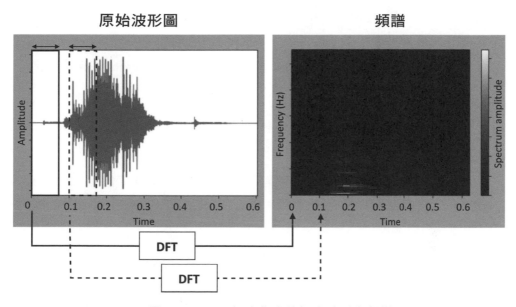

圖 4-11 Red 語音指令的語音波形和頻譜

圖中的垂直切片代表各區段的功率頻譜－說明如下：

- 寬度為時間

- 高度為頻率

- 顏色為功率頻譜的振幅，顏色越鮮豔表示振幅越大

然而，以這種方式取得的頻譜還無法用於語音識別，因為相關特徵沒有被強調。事實上，上圖中的頻譜幾乎是全黑的。

因此，必須考慮到人類是以對數尺度而非線性尺度來感知頻率和音量這項事實來調整頻譜，調整方式如下：

- **使用梅爾標度濾波器組將頻率（Hz）轉換成梅爾頻譜：梅爾刻度（Mel scale）**會重新映射頻率，使其可以等距方式來區分與感知。舉例來說，如果以 1 Hz 為一階，從 100Hz 開始播放一個單音到 200Hz，我們可以清楚地感知到所有 100 個頻率。然而，如果是在更高的頻率（例如 7500 ～ 7600Hz 之間）進行相同的實驗，那麼我們幾乎聽不到任何聲音。因此可以得知人耳無法聽到所有頻率。

  梅爾刻度通常是藉由重疊在頻域中的三角濾波器（**濾波器組**）計算出來的。

- **使用分貝（dB）量度縮放振幅：**跟頻率一樣，人腦不是以線性而是以對數來感知振幅，因此要對數縮放振幅讓它們得以呈現於頻譜中。

透過應用上述變換而獲得的頻譜被稱為**梅爾頻譜**或**梅爾頻率能量（MFE）**。下圖 Red 語音指令的 MFE 使用了 40 個三角濾波器，現在可以清楚地看出各頻率成分的強度了：

頻譜　　　　　　　　　　　　　　　　**梅爾頻譜**

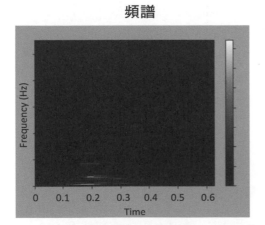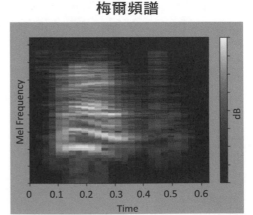

圖 4-12　Red 語音指令的頻譜與梅爾頻譜

雖然梅爾頻譜適用於語音辨識模型，在輸入特徵數量上還有一種更有效的人聲辨識的方法－ MFCC。

擷取 MFCC

MFCC 的目的在於從梅爾頻譜中擷取較少且高度不相關的係數。

梅爾濾波器組會使用重疊的濾波器讓分量變得高度相關。如果是處理人聲，透過**離散餘弦變換（DCT）**即可解相關。

DCT 提供了壓縮版的濾波器組。我們可以從 DCT 的輸出中保留前 2 到 13 個係數（倒頻譜係數），剩下的皆可丟棄，因為它們不會為人聲識別帶來更多訊息。因此，產生出來的頻譜中的頻率數量會比梅爾頻譜少很多（13 比 40）。

◉ 實作步驟

點擊左側選單中的 **Create impulse** 來建立 impulse，如下圖：

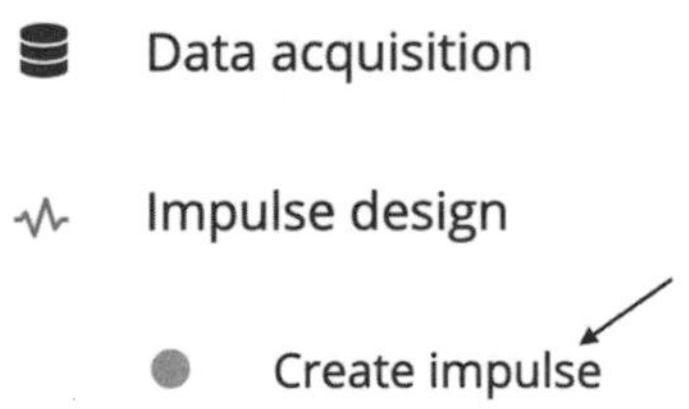

圖 **4-13** 新建 impulse

在 **Create impulse** 中，確保時間序列資料的 **Window size** 欄設定為 1000 ms，且 **Window increase** 欄為 500 ms。

Window increase 參數適用於包含連續且不清楚起始點位置的聲頻流之 KWS 應用程式。在這種情況下，需要將聲頻流拆成數個長度相同的窗（或區段）並逐一進行 ML 推論。**Window size** 為窗的時間長度，而 **Window increase** 為兩個區段的間隔時間，如下圖：

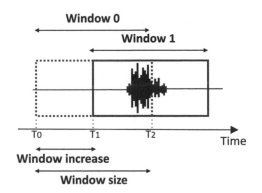

圖 **4-14** 窗大小與 Window increase

Window size 的數值取決於訓練樣本的長度（1 秒），且會影響到準確率。相反地，**Window increase** 的數值不會對訓練結果產生影響，但會影響到正確判斷出語句起點的機率。**Window increase** 的數值越小表示機率越高，但 **Window increase** 的數值是否合適取決於模型的等待時間。

請根據以下步驟設計出從錄音樣本擷取 MFCC 特徵的處理區塊：

1.　點擊 **Add a processing block** 後新增 **Audio (MFCC)**。

2.　點擊 **Add a learning block** 後新增 **Classification (Keras)**。

　　Output features 中會出現以下七個輸出分類（`00_red`, `01_green`, `02_blue`, `03_one`, `04_two`, `05_three`, `unknown`），如下圖：

圖 **4-15** 輸出特徵

點擊 **Save Impulse** 存檔。

3. 點擊 **Impulse design** 分區下的 **MFCC**。在新視窗中可以調整將影響 MFCC 特徵擷取的參數，例如倒頻譜係數的數量和梅爾刻度所使用的三角濾波器數量等。在此的所有 MFCC 參數皆採用預設值。

頁面底部有兩個用於**預先加強**階段的參數。預先加強階段會在產生頻譜之前執行，藉由增加最高頻率的能量以減少噪音的影響。若**係數**為 0，則不會預先加強輸入訊號。預先加強參數亦為預設值。

4. 點擊 **Generate features** 來取得各個訓練樣本中的 MFCC 特徵：

圖 **4-16** Generate features 鍵

結束後，Edge Impulse 會在輸出記錄中顯示 **Job completed** 訊息。

現在，所有錄音樣本的 MFCC 特徵皆已擷取完畢。

補充

產生 MFCC 後，可以使用 **Feature explorer** 在立體（3D）散佈圖中檢視所產生的訓練資料集，如下圖：

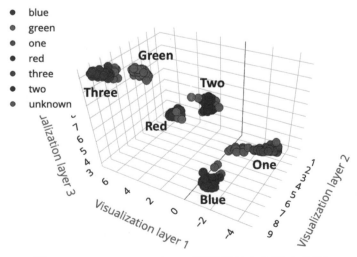

圖 **4-17** Feature explorer 所顯示的七個輸出分類

從 **Feature explorer** 中可以判斷輸入特徵是否適合問題。如果是的話，各輸出類別（除了 unknown 以外）應該要很明確地區隔開來。

Feature explorer 底下的 **On-device performance** 會與 MFCC 相關：

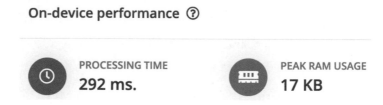

圖 **4-18**　Arduino Nano 33 BLE Sense 開發板的 MFCC 性能

PROCESSING TIME（等待時間）和 **PEAK RAM USAGE**（資料記憶體）是根據在 **Dashboard | Project info** 中所選的裝置估算出來的：

Project info

Project ID

Labeling method　　　　One label per d ⌄

Latency calculations　　Arduino Nano ⅀ ⌄

圖 **4-19**　Project info 中所選的裝置

可以從 **Project info** 更改所選裝置以評估性能。

不過，很可惜 Edge Impulse 尚不支援 Raspberry Pi Pico，所以只能評估使用 Arduino Nano 時的性能（譯註：目前已支援了）。

設計與訓練神經網路模型

本專案將使用以下神經網路架構來辨識語詞：

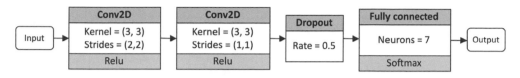

圖 4-20　神經網路架構

此模型有著兩層二維（**2D**）卷積層、一層丟棄層以及一層搭配 softmax 觸發函式的全連接層。

網路輸入為從 1 秒語音樣本中擷取出來的 MFCC 特徵。

◉ 事前準備

本專案的事前準備只需要了解如何在 Edge Impulse 中設計與訓練神經網路即可。

Edge Impulse 會根據所選的學習區塊並運用不同的底層 ML 框架進行訓練。框架針對分類學習區塊會結合 TensorFlow 和 Keras 一起使用。模型設計的方式有兩種：

- **視覺模式（簡易模式）**：這是最快且可透過**使用者介面（UI）**來完成的方式。Edge Impulse 提供了一些基本神經網路區塊和預設架構，對剛開始接觸**深度學習**的新手來說相當方便好用。

- **Keras 程式碼模式（專家模式）**：如果想要更多網路架構的控制權，可以從網頁直接編輯 Keras 程式碼。

設計好模型後，在同一個視窗中開始訓練。

◉ 實作步驟

點擊 **Impulse design** 下的 **Neural Network (Keras)**，根據以下步驟設計並訓練圖 4-20 中的神經網路：

1. 選擇 **2D Convolutional** 預設架構並刪除兩個卷積層之間的**丟棄層**：

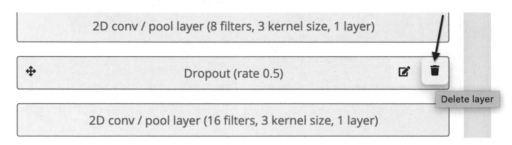

圖 **4-21** 刪除兩個 2D 卷積層之間的丟棄層

2. 點擊程式區中的：切換至 **Keras (expert)** 模式後，刪除 MaxPooling2D 層：

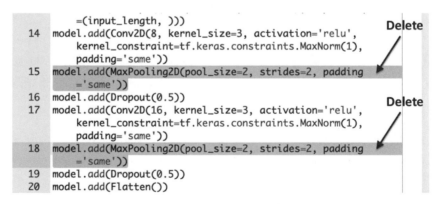

圖 **4-22** 從 Keras 模式刪除兩個池化層

將第一層卷積層的步長設為 (2,2)：

```
model.add(Conv2D(8, strides=(2,2), kernel_size=3, activation='relu',
kernel_constraint=tf.keras.constraints.MaxNorm(1), padding='same'))
```

池化層是一種分階抽樣技術，可以減少通過網路的資訊並降低過擬合的風險。但是此運算子可能會增加等待時間以及**隨機存取記憶體（RAM）**的使用率。對於微控制器這種記憶體容量有限的裝置來說，記憶體是珍貴的資源，因此要盡可能地有效利用。因此，在卷積層要使用非固定步長以降低空間維度。這個方法的性能通常會比較好，因為我們完全跳過了池化層運算，且卷積層也會因為要處理的輸出元素較少而加快速度。

3. 點擊 **Start training** 開始訓練：

> Output layer (7 classes)

Start training

圖 **4-23** Start training 鍵

輸出記錄會在每一回合結束後顯示該次的訓練和驗證資料集的準確率及損失。

訓練結束後，會在同一頁顯示模型的性能（準確率和損失）、混淆矩陣和裝置性能預測。

Important Note

如果準確率是 100%，那麼模型很可能過擬合了。在訓練資料集中加入更多資料或是降低學習率便可防止這個問題。

如果對模型的準確率不滿意，請收集更多資料並重新訓練。

使用 EON Tuner 調整模型性能

為特定應用程式開發最有效的 ML 管線向來不是一件容易的事情。其中一種方法就是反覆實驗。例如，評估一些目標指標（延遲時間、記憶體和準確率）隨著輸入特徵的產生和模型架構會如何變化。但是這個過程曠日廢時，因為組合太多且每一種組合都要經過測試和評估才知道結果。此外，這個方法必須要非常熟悉數位訊號處理和神經網路架構才會知道該做什麼調整。

本專案將透過 EON Tuner 為 Arduino Nano 找出最好的 ML 管線。

◉ 事前準備

EON Tuner[2] 可針對特定開發板自動找出基於 ML 的最佳解決方案。不過，它不僅僅是一款**自動化機器學習（AutoML）**工具而已，因為處理區塊也是最佳化問題的重要一環。EON Tuner 是一種 E2E 最佳化器，用於針對特定限制組合像是等待時間、RAM 使用率和準確率等找出最合適的處理區塊和 ML 模型組合。

◉ 實作步驟

點擊左側選單中的 **EON Tuner**，並根據以下步驟為應用程式找出最有效的 ML 管線：

1. 點擊 **Target** 中的設定齒輪符號以設定 EON Tuner：

圖 **4-24** EON Tuner 設定

2　https://docs.edgeimpulse.com/docs/eon-tuner

Edge Impulse 會開啟新視窗以設定 EON Tuner。在新視窗中，分別設定 **Dataset category**、**Target device** 和 **Time per inference** 數值如下：

- **Dataset category：Keyword spotting**

- **Target device：Arduino Nano 33 BLE Sense (Cortex-M4F 64MHz)**

- **Time per inference (ms)：100**

由於 Edge Impulse 尚不支援 Raspberry Pi Pico，暫時只能為 Arduino Nano 33 BLE 調整性能（譯註：目前已支援了）。

將 **Time for inference** 設為 100 ms，試著找出比之前在設計和訓練神經網路模型時的結果更好的解決方案。

2. 點擊 **Save** 以儲存 EON Tuner 設定。

3. 點擊 **Start EON Tuner** 開啟 EON Tuner。根據資料集大小，可能會花費幾分鐘至 6 小時的時間。進度長條圖會顯示處理進度，並在同一個視窗顯示所發現的架構，如下圖：

圖 4-25 EON Tuner 會顯示各個建議 ML 解決方案之混淆矩陣

EON Tuner 完成探索後便會回報一系列的 ML 基礎解決方案（處理 +ML 模型）供我們選擇。

4. 找出準確率最高且 Window increase 最小的架構並點擊 **Select**。在此所選的架構之 Window increase 為 250 毫秒，並使用 MFE 作為輸入特徵以及 1D 卷積層。

如你所見，輸入特徵非 MFCC。EON Tuner 建議了這個替代處理區塊是因為它會考慮到整個 ML 管線的等待時間，而不只是模型推論。MFE 確實會讓模型推論變慢，因為它回傳的頻譜會比 MFCC 具有更多特徵。然而，由於 MFE 不需要擷取 DCT 分量所以速度會比 MFCC 快上許多。

選好架構後，Edge Impulse 會要求更新主要模型。點選 **Yes** 即可覆無之前在「設計與訓練神經網路模型」段落中所設定的架構。完成之後會跳出一個新視窗顯示主要模型已更新。

最後，點選左側選單中的 **Retrain model**，再點選 **Train model** 以重新訓練網路。

使用智慧型手機進行即時分類

模型測試通常是指評估訓練後的模型在測試資料集上的表現。然而，Edge Impulse 的模型測試不僅於此。

本專案將示範如何運用測試資料集來測試模型，以及如何使用智慧型手機進行即時分類。

◉ 事前準備

在開始專案之前，我們只需要了解如何在 Edge Impulse 上評估模型性能。

Edge Impulse 評估已訓練模型的方式有兩種：

- **模型測試**：使用測試資料集評估準確率。測試資料集可以為模型的有效性做出客觀的評估，因為在訓練期間無論是直接還是間接都不會用到測試樣本。

- **即時分類：**這是 Edge Impulse 的特有功能，可以直接從手機或可支援的裝置（如 Arduino Nano）上傳新樣本並推論。

即時分類可以讓應用程式在部署到裝置之前，先用現實世界的資料小試身手一下。

◉ 實作步驟

請根據以下步驟使用測試資料集和即時分類工具來評估模型性能：

1. 點選左側選單中的 **Model testing**，接著選 **Classify all**。

Edge Impulse 會負責從測試資料集擷取 MFE、執行已訓練模型並以混淆矩陣來說明模型性能。

2. 點選左側選單中的 **Live classification**，檢查手機是否出現在 **Device** 清單中：

圖 4-26 Device 清單會列出與 Edge Impulse 完成配對的手機

從 **Live classification** 中找到 **Sensor** 下拉選單，並點選 **Microphone**，將 **Sample length (ms)** 數值設為 10000。保留 **Frequency** 的預設值（16000 Hz）。

3. 點選 **Start sampling**，然後從手機點選 **Give access to the Microphone**。錄下六個指令中的任何一個（*red*、*green*、*blue*、*one*、*two* 和 *three*）。語音樣本會在錄製完成後直接上傳到 Edge Impulse。

此時，Edge Impulse 會將錄音檔拆成長度為 1 秒的數個樣本，並逐一用來測試模型。分類結果會顯示在同一頁上，報告形式如下：

- **一般摘要**：顯示各輸出類別的偵測次數：

分類	次數
blue	1
green	1
one	1
red	2
three	1
two	1
unknown	29
uncertain	1

圖 **4-27**　一般摘要會顯示每個關鍵字的偵測次數

- **詳細分析**：顯示各時間戳記下的分類機率，如下圖：

 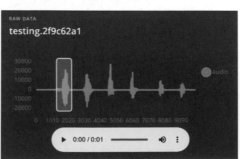

圖 **4-28**　詳細分析會顯示出各時間戳記下的分類機率

點擊便可顯示該項目的波形圖，如圖 4-28。

使用 Arduino Nano 進行即時分類

如果你覺得用手機即時分類已經很厲害的話，那麼用 Arduino Nano 來分類會更讓你覺得驚喜。

本專案將示範如何將 Arduino Nano 與 Edge Impulse 配對並直接在開發板上進行即時分類。

◉ 事前準備

透過在最終版應用程式中所使用的感測器來測試模型性能，可以讓我們對準確率更有信心。多虧 Edge Impulse，幾個簡單的步驟就可以操作 Arduino Nano 進行即時分類：

`https://docs.edgeimpulse.com/docs/arduino-nano-33-ble-sense`。

◉ 實作步驟

使用 Arduino Nano 內建麥克風進行即時分類之前，會先需要安裝一些軟體。Linux、macOS 和 Windows 分別需要不同的工具，清單如下：

- Edge Impulse **command-line interface（CLI）**：
  `https://docs.edgeimpulse.com/docs/cli-installation`

- Arduino CLI：`https://arduino.github.io/arduino-cli/0.19/`

安裝好相依套件後，請根據以下步驟來配對 Arduino Nano 與 Edge Impulse：

1. 在 Command Prompt 或終端機中執行 `arduino-cli core install arduino:mbed_nano` 指令。

2. 將 Arduino Nano 接上電腦，按兩下開發板上的 **RESET** 鍵進入 bootloader 模式。

   內建 LED 開始閃爍，代表開發板已進入 bootloader 模式。

3. 下載並解壓縮 Arduino Nano 專用的 Edge Impulse 韌體 [3]。從 Arduino Nano 上傳語音樣本到 Edge Impulse 需要用到這個韌體。

4. 執行在解壓縮資料夾中的**腳本檔**，將韌體上傳到 Arduino Nano。請根據電腦的**作業系統**使用相對應的腳本－例如，Linux 系統應使用 `flash_linux.sh`。

上傳韌體到 Arduino Nano 後，按一下 **RESET** 以啟動程式。

5. 在 Command Prompt 或終端機中執行 `edge-impulse-daemon` 指令。安裝精靈會要求你登入並選擇 Edge Impulse 專案。

這樣 Arduino Nano 和 Edge Impulse 的配對就完成了。點擊左側選單中的 **Devices** 即可檢查是否配對成功，如下圖：

Your devices

These are devices that are connected to the Edge Impulse remote management API, or have posted data to the inge

NAME	ID	TYPE	SENSORS
phone_kseq4mtp		MOBILE_CLIENT	Accelerometer, Microp...
personal		ARDUINO_NANO33...	Built-in accelerometer, ...

圖 **4-29** Edge Impulse 的已配對裝置清單

從上圖可以看到，Arduino Nano（`personal`）已被列在 **Your devices** 底下。

找到 **Live classification** 並從 **Device** 下拉選單中選擇 **Arduino Nano 33 BLE Sense board**。開始用 Arduino Nano 錄製語音樣本，並檢查模型是否可以正常運作。

3　https://cdn.edgeimpulse.com/firmware/arduino-nano-33-ble-sense.zip

> **Important Note**
>
> 如果發現模型無法正常運作，可以試著用 Arduino Nano 的內建麥克風為
> 訓練資料集多錄製一些樣本看看。請點擊右側選單的 **Data acquisition** 並
> 用 Arduino Nano 進行錄製

在 Arduino Nano 上連續推論

因為裝置的硬體功能各有不同，部署應用程式在 Arduino Nano 和
Raspberry Pi Pico 上的做法也會不一樣。

本專案將示範如何在 Arduino Nano 上實作連續關鍵字應用程式。

本專案的 Arduino 草稿碼請由此取得：

- `07_kws_arduino_nano_ble33_sense.ino`：
  https://github.com/PacktPublishing/TinyML-Cookbook/blob/main/
  Chapter04/ArduinoSketches/07_kws_arduino_nano_ble33_sense.ino

◉ 事前準備

這個 Arduino Nano 應用程式會以 Edge Impulse 所提供的 `nano_ble33_`
`sense_microphone_continuous.cpp` 範例為基礎來做到即時關鍵字辨識
（KWS）。在編輯程式碼之前，先來看看這個範例的工作原理是什麼。

認識即時 KWS 應用程式的工作原理

即時 KWS 應用程式－例如智能助理－會擷取並處理所有聲頻流以免錯過事
件。因此，應用程式需要同時錄音和推論以免錯過任何訊息。

微控制器同時處理任務的方式有兩種：

- 利用**即時作業系統（RTOS）**。這個方式會使用兩個執行緒來同時擷取和處理語音資料。

- 使用專用週邊，像是連接 ADC **的直接記憶體存取（DMA）**。DMA 可以在不干擾處理器執行主程式的情況下傳送資料。

不過本專案不需要處理這件事，因為 nano_ble33_sense_microphone_continuous.cpp 範例透過雙緩衝機制讓應用程式可以同時錄音和推論。雙緩衝使用了兩個大小固定的緩衝區，內容如下：

- 其中一個緩衝區專門用來**抽樣**。

- 另一個緩衝區專門用來**處理**（特徵擷取和 ML 推論）。

各個緩衝區會保留 Window increase 錄音所需的語音樣本數。因此，緩衝區的大小可由以下公式算出：

$$Buffer_{size} = SF(Hz) \cdot WI(s)$$

上述公式說明如下：

- SF（Hz）：以赫茲為單位的抽樣頻率（例如，16 **千赫（KHz）** = 16000 Hz）

- WI（s）：以秒為單位的 Window increase（例如，250 ms = 0.250 s）

假設以 16 千赫對語音訊息進行抽樣，而 Window increase 為 250 ms，那麼每一個緩衝區即可容納 4,000 筆樣本。

這兩個緩衝區會不斷地在錄音和處理之間切換，如下圖：

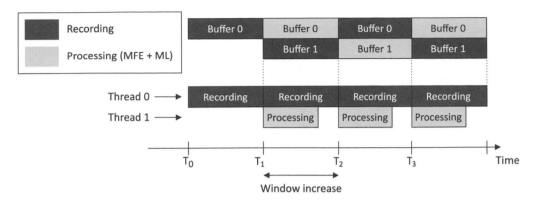

圖 **4-30** 同時執行錄音和處理任務

從上圖可以看出：

1.　錄音任務於 *t=T₀* 時開始使用 **Buffer 0**。

2.　**Buffer 0** 在 *t=T₁* 時滿了。因此，**處理任務可以開始使用在 Buffer 0** 中的資料進行推論。與此同時，錄音任務繼續在背景中使用 **Buffer 1** 擷取語音資料。

3.　**Buffer 1 在** *t=T₂* 時滿了。因此，**處理任務必須在開始新的運算前完成**之前的所有運算。

盡量縮短 Window increase 有以下兩個優點：

- 提高找到語句正確開頭的機率

- 減少特徵擷取的運算時間，因為它只對 Window increase 進行運算

不過，還是需要有足夠的 *Window increase* 以確保處理任務可以在時間內完成。

現在你可能會有個疑問：如果 *Window increase 是 250 ms*，而模型需要的是 *1 秒語音樣本*，那麼雙緩衝區要如何為神經網路饋送資料？

雙緩衝區並非神經網路輸入，而是包含了 1 秒語音樣本的額外緩衝區輸入。這個緩衝區以**先進先出原則（FIFO）**儲存資料，並為 ML 模型提供實際輸入，如下圖：

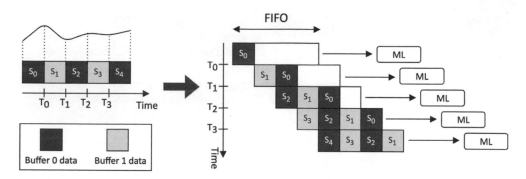

圖 4-31 將資料送入神經網路模型的 FIFO 緩衝

因此，只要開始新的處理任務，樣本資料就會在執行推論之前先被複製到 FIFO 佇列中。

◉ 實作步驟

請根據以下步驟修改 nano_ble33_sense_microphone_continuous.cpp 檔案，使其可以聲控 Arduino Nano 內建的 RGB LED：

1. 打開 Edge Impulse，點擊左側選單中的 **Deployment**，然後選擇 **Create library** 下的 **Arduino Library**，如下圖：

Deploy your impulse

You can deploy your impulse to any device. This makes the model run without an internet connection, minimizes latency, and runs with minimal power consumption. Read more.

Create library

Turn your impulse into optimized source code that you can run on any device.

| C++ library | Arduino library | Cube.MX CMSIS-PACK |

圖 4-32 Edge Impulse 中的 Create library 選項

接著，點擊頁面底下的 **Build** 鍵，將 ZIP 檔另存於電腦。這個 ZIP 檔是一個 Arduino 函式庫，其中包含了特徵擷取常式（MFCC 和 MFE），以及幾個現成的 Arduino Nano 33 BLE Sense 範例。

2. 打開 Arduino **的整合式開發環境（IDE）**並匯入 Edge Impulse 所建立的函式庫。點擊左側選單中的 **Libraries**，接著點擊 **Import** 即可匯入，如下圖：

圖 4-33 Arduino Web Editor 中的 Import library 選項

匯入完成後，依照路徑 **Examples | FROM LIBRARIES ｜ <name_of_your_project>_ INFERENCING** 打開 nano_ble33_sense_microphone_continuous 範例。

本範例的 **<name_of_your_project>** 為 VOICE_CONTROLLING_LEDS，和 Edge Impulse 的專案名稱相同。

檔案中的 EI_CLASSIFIER_SLICES_PER_MODEL_WINDOW C 巨集是以每個模型窗可處理的格數來定義 Window increase。在此使用預設值即可。

3. 宣告並初始化 mbed::DigitalOut 物件，它是用於驅動內建 RGB LED 的全域陣列：

```
mbed::DigitalOut rgb[] = {p24, p16, p6};
#define ON 0
#define OFF 1
```

初始化 mbed::DigitalOut 會用到 RGB LED 的 PinName 數值。請參考 Arduino Nano 33 BLE Sense board 線路圖 [4] 找出腳位名稱。

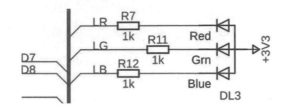

圖 4-34 內建 RGB LED 由電流汲取電路供電
（https://content.arduino.cc/assets/NANO33BLE_V2.0_sch.pdf）

RGB LED ── 即 **LR**、**LG** 和 **LB** ── 是由**電流汲取**電路控制，並連接到 **P0.24**、**P0.16** 和 **P0.06** 腳位：

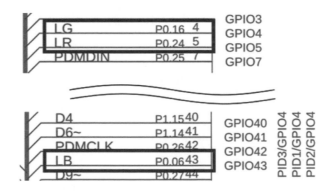

圖 4-35 RGB LED 接在 P0.24、P0.16 和 P0.06 腳位上
（https://content.arduino.cc/assets/NANO33BLE_V2.0_sch.pdf）

因此，**通用輸入 / 輸出（GPIO）**必須為 *0* 伏特（*LOW*）才能開啟 *LED*。為了避免直接使用數值，可以用 #define ON 0 和 #define OFF 1 來定義 LED 的開關。

---

4 https://content.arduino.cc/assets/NANO33BLE_V2.0_sch.pdf

4. 定義整數全域變數（current_color）來追蹤最後偵測到的顏色，將其初始化為 0（紅色）：

```
size_t current_color = 0;
```

5. 在 setup() 函式中，使用 current_color 來初始化內建的 RGB LED：

```
rgb[0] = OFF; rgb[1] = OFF; rgb[2] = OFF; rgb[current_ color] = ON;
```

6. 在 loop() 函式中，將 run_classifier_continuous() 函式的**移動平均**（**MA**）旗標設為 false：

```
run_classifier_continuous(&signal, &result, debug_nn, false);
```

run_classifier_continuous() 函式負責模型推論。在 debug_nn 參數後的 false 代表停用 MA。但是，為什麼要停用這個功能呢？

當 Window increase 不大時，MA 可以有效地過濾掉錯誤檢測。以 *bluebird* 這個單字為例，它包含了 *blue*，但不是我們要識別的語句。不過，以較小的 Window increase 來連續推論時，一次處理少量單字是有其優點的。某些片段可能可以明確地檢測出 *blue*，但其他片段卻不行。因此，*MA* 的目的是平均分類結果以避免檢測錯誤。

不難想像，在使用 MA 時，輸出類別必須具有多個高等類別。那麼，如果 *Window increase* 較大的話會怎麼樣呢？

當 Window increase 較大時（例如 100 ms 以上），每秒處理的區段數量就會比較少，移動平均可能會把所有類別都過濾掉。由於本專案的 Window increase 介於 250 ms 至 500 ms 之間（取決於所選的 ML 架構），因此建議停用 MA 以防止類別被不小心過濾掉。

7. 刪除從 run_classifier_continuous() 之後到 loop() 函式結束的所有程式碼。

8. 在 loop() 函式中，以及 run_classifier_continuous() 之後，寫入以下程式碼來回傳較高機率的類別：

```
size_t ix_max = 0;
float  pb_max = 0.0f;
for (size_t ix = 0; ix < EI_CLASSIFIER_LABEL_COUNT; ix++) {
  if(result.classification[ix].value > pb_max) {
    ix_max = ix;
    pb_max = result.classification[ix].value;
  }
}
```

上述程式碼片段會迭代所有輸出分類（`EI_CLASSIFIER_LABEL_COUNT`）並保留分類值（`result.classification[ix].value`）最大的索引（`ix`）。`EI_CLASSIFIER_LABEL_COUNT` 為 Edge Impulse 提供的 C 定義，數值等於輸出類別的數量相同。

9. 如果輸出類別的機率（`pb_max`）高於固定閾值（例如 0.5），且標籤不是 unknown，則檢查是否為顏色。如果是顏色而且與最後偵測到的顏色不同，則關閉 `current_color` 並開啟 `new_color`：

```
size_t new_color = ix_max;
if (new_color != current_color) {
  rgb[current_color] = OFF;
  rgb[new_color] = ON;
  current_color = new_color;
}
```

若標籤為數字，則讓 `current_color` 代表的 LED 閃爍所偵測到的次數：

```
const size_t num_blinks = ix_max0 - 2;
for(size_t i = 0; i < num_blinks; ++i) {
  rgb[current_color] = OFF;
  delay(1000);
  rgb[current_color] = ON;
  delay(1000);
}
```

編譯並將草稿碼上傳到微控制器。現在你可以藉由聲控來改變 LED 的顏色或閃爍次數了。

使用 RPi Pico 建立電路以聲控 LED

Raspberry Pi Pico 沒有 KWS 應用程式所需的內建麥克風和 RGB LED。因此，要用它來聲控 RGB LED 會需要另外建立電路。

本專案將示範如何用 Raspberry Pi Pico、RGB LED、按鈕開關和搭載 MAX9814 擴音器的駐極體麥克風建立電路。

◉ 事前準備

Raspberry Pi Pico 要執行的應用程式不會以連續推論為基礎。我們要用按鈕開始錄音 1 秒，然後再執行模型推論來辨識語句。所說的語句將輪流被用來控制 RGB LED 的狀態。

接下來將說明如何使用搭載 MAX9814 擴音器的駐極體麥克風。

認識搭載 MAX9814 擴音器之駐極體麥克風

本專案所使用的麥克風為低成本的**駐極體麥克風擴音器 － MAX9814**。以下網站皆有販售：

- *Pimoroni*：https://shop.pimoroni.com/products/adafruit-electret-microphone-amplifier-max9814-w-auto-gain-control

- *Adafruit*：https://www.adafruit.com/product/1713

麥克風的訊號通常會很微弱，需要先放大才能被擷取與分析。

因此，麥克風搭載了 **MAX9814** 晶片 [5]，它是一顆內建了**自動增益控制**（**AGC**）的擴音器。AGC 可以在背景音不斷變化的環境中擷取語句。MAX9814 會自動調整並放大增益，讓語句始終清晰可辨。

---

5 https://datasheets.maximintegrated.com/en/ds/MAX9814.pdf

擴音器需要 *2.7V* 到 *5.5V* 的電壓，並在 *1.25V* 直流偏壓下產生 *2Vpp* 的最大峰值電壓（**Vpp**）。

Note

Vpp 是波形的最高點。

因此，這個裝置可以直接接上輸入訊號介於 0 到 3.3V 之間的 ADC。

麥克風模組的底部有五個用來插入排針的圓孔，如下圖：

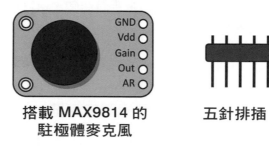

圖 **4-36**　搭載 MAX9814 的駐極體麥克風

排針可將裝置安裝在麵包板上，通常會需要焊接才能固定。

Tips

如果對焊接不熟，請參考以下教學：

https://learn.adafruit.com/adafruit-agc-electret-microphone-amplifier-max9814/assembly

接下來將示範如何將此裝置接上 Raspberry Pi Pico。

將麥克風接上 Raspberry Pi Pico 的 ADC

麥克風產生出的電壓變化會需要被轉成數位格式才能順利讀取。

Raspberry Pi Pico 上的 RP2040 微控制器共有 4 個可轉換類比 / 數位訊號的 ADC，但只有 3 個可以接收外部輸入，因為其中一個已經接在內建的溫度感測器上了。

ADC 的腳位說明如下：

ADC name	ADC0	ADC1	ADC2
Pin	GD26	GD27	GD28

圖 **4-37** ADC 腳位

Raspberry Pi Pico 的 ADC 之預期電壓會在 0 到 3.3V 之間，非常適合接收來自駐極體麥克風的訊號。

◎ 實作步驟

首先將 Raspberry Pi Pico 垂直插上麵包板，與第 2 章的做法相同。

裝上開發板後，請檢查是否已拔除 USB 線，接著根據以下步驟建立電路：

1. 將 RGB LED 插上麵包板：

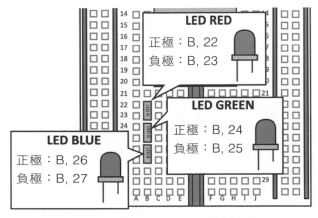

圖 **4-38** 將 RGB LED 插上麵包板

串聯電阻與 LED，電阻一端接到 LED 的陰極腳位，另一端接到 GND。下表為電阻與 LED 的配置：

LED	Red	Green	Blue
電阻（歐姆）	220	220	100

圖 4-39　電阻與 RGB LED 分配表

這樣可以確保通過 LED 的正向電流至少會有 3 毫安培（mA），下圖為串聯電阻與 LED 的方式：

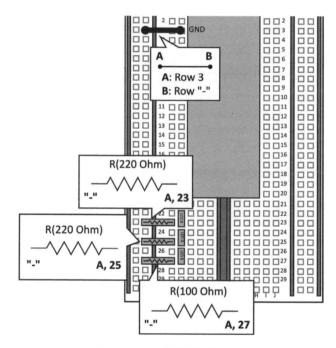

圖 4-40　串聯電阻與 LED

從上圖可以看出，將微控制器的 GND 接上負電軌，就可讓插在負電軌上的電阻連到 GND。

2. 將 RGB LED 的正極腳位接上 GPIO：

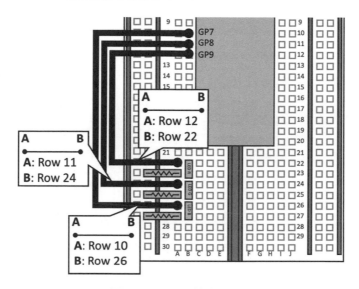

圖 **4-41** 電阻接上 GND

如上圖，用來驅動 LED 的 GPIO 為 **GP9**（紅色）、**GP8**（綠色）和 **GP7**（藍色）。

由於電阻是接在 LED 的負極腳位和 GND 之間，因此 *LED 的供電電源為電流源*。供給 *3.3V*（*HIGH*）就能點亮 LED。

3. 將按鈕插上麵包板：

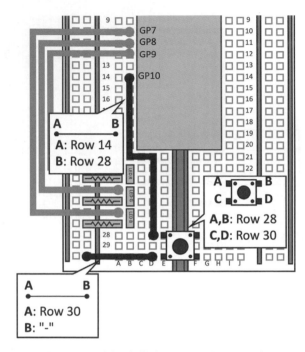

圖 **4-42** 按鈕會接在 GP10 和 GND 上

按鈕所使用的 GPIO 腳位為 **GP10**。

由於此電路會用到數條跳線，因此將按鈕裝在靠近底部的位置會比較好按。

4. 將駐極體麥克風插上麵包板：

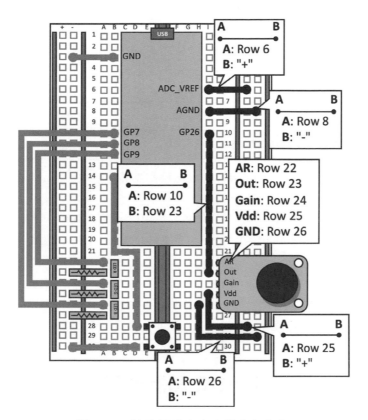

圖 4-43 將駐極體麥克風裝上麵包板

ADC 腳位為 **GP26**，在此只需要連接麥克風模組五隻腳位中的三個，說明如下：

- **Vdd**（3.3V）：此為擴音器的供電腳位。**Vdd** 必須要穩定且與 ADC 的供電電壓相同，這是減少來自麥克風類比訊號雜訊的必要條件。

- **Vdd** 需連接 `ADC_VREF`，即 Raspberry Pi Pico 產生的 ADC 參考電壓。

- **GND**：此為電路放大器的接地，與 ADC 相同。由於類比訊號會比數位訊號更容易受到噪音的影響，因此 Raspberry Pi Pico 為 ADC 提供了專用的接地：**類比接地（AGND）**。GND 應接到 **AGND** 以將類比電路從數位電路中去耦合。

- **Out**：這是來自麥克風模組的放大類比訊號，應接到 **GP26** 以透過 **ADC0** 進行抽樣。

下表為 Raspberry Pi Pico 與載有 MAX9814 擴音器之駐極體麥克風的接線說明：

Mic with MAX9814-Pin	Vdd	GND	Out
Raspberry Pi Pico - Pin	ADC_VREF	ABND	GP26

圖 4-44 駐極體麥克風之接線

麥克風剩餘的兩個腳位用於設定 **gain** 和 **attach&release** 的比例。本專案不會用到，如想了解更多請參考 MAX9814 的規格表：

https://datasheets.maximintegrated.com/en/ds/MAX9814.pdf

現在，可以用 USB 線將 Raspberry Pi Pico 接上電腦了，實作 KWS 應用程式的電路已準備就緒。

在 RPi Pico 上藉由 ADC 和計時器中斷進行語音抽樣

所有元件都裝上麵包板了，可以開始設計 KWS 應用程式了。

應用程式包含了 1 秒語音，並會在按下按鈕時進行 ML 推論。分類結果將藉由 RGB LED 來呈現，類似於先前「*在 Arduino Nano 上連續推論*」專案中所做的。

本專案的 Arduino 草稿碼與 Python 腳本請由此取得：

- `09_kws_raspberrypi_pico.ino`：
  https://github.com/PacktPublishing/TinyML-Cookbook/blob/main/Chapter04/ArduinoSketches/09_kws_raspberrypi_pico.ino

- `09_debugging.py`：
  https://github.com/PacktPublishing/TinyML-Cookbook/blob/main/Chapter04/PythonScripts/09_debugging.py

◉ 事前準備

這個 Raspberry Pi Pico 應用程式會以 Edge Impulse 提供的 nano_ble33_sense_microphone.cpp 範例為基礎。使用者在特定的時間點說話,而應用程式會執行 ML 模型來預測所說的語句。

與先前「在 Arduino Nano 上連續推論」專案不同的是,此專案可以按順序執行錄音和處理任務,因為透過按鈕開關能夠明確得知語句起點。

接下來會說明本專案將如何使用 ADC 和計時器中斷抽樣語音訊號。

在 Raspberry Pi Pico 上藉由 ADC 和計時中斷器進行語音抽樣

Raspberry Pi Pico 上的 RP2040 微控制器有四顆 *12* 位元解析度的 ADC,最大抽樣頻率為 500 kHz(或**每秒 500 kilosamples(kS/s)**)。

ADC 會被配置為 *one-shot* 模式,表示 ADC 在提出請求後會立刻提供樣本。

計時器會被初始化,並用和抽樣率相同的頻率來觸發中斷。因此,**中斷服務常式(ISR)**會負責抽樣麥克風的訊號並將資料儲存在語音緩衝中。

由於 ADC 的最大頻率為 500 kHz,因此兩次連續轉換之間的最短時間為 **2 微秒(us)**。這個限制可以輕鬆達成,因為語音訊號的抽樣頻率為 16 kHz,也就是每 62.5 us 抽樣一次。

◉ 實作步驟

依照以下路徑開啟 nano_ble33_sense_microphone 範例:**Examples | FROM LIBRARIES | vname_of_your_project>_INFERENCING**,進行以下修改即可在 Raspberry Pi Pico 上實作 KWS 應用程式:

1. 刪除所有對 PDM 函式庫的相關引用,例如標頭檔(#include <PDM.h>)以及對 PDM 類別方法的呼叫,因為只有 Arduino Nano 內建麥克風才會用到這些。

   刪除 microphone_inference_record() 函式中的程式碼。

2. 宣告並初始化 mbed::DigitalOut 物件，它是驅動內建 RGB LED 的全域陣列：

```
mbed::DigitalOut rgb[] = {p9, p8, p7};
```

宣告並初始化驅動內建 LED 的 mbed::DigitalOut 全域物件：

```
mbed::DigitalOut led_builtin(p25);
#define ON 1
#define OFF 0
```

由於電流源電路會為所有 LED 供電，因此需要提供 3.3V（*HIGH*）才能點亮它們。

3. 定義全域變數（current_color）以追蹤最後偵測到的顏色。將其初始化為 0（紅色）：

```
size_t current_color = 0;
```

只亮起 current_color 代表的顏色，藉此在 setup() 函式中初始化 RGB LED：

```
rgb[0] = OFF; rgb[1] = OFF; rgb[2] = OFF; rgb[current_color] = ON;
led_builtin = OFF;
```

4. 宣告並初始化全域物件 mbed::DigitalIn 以讀取按鈕狀態：

```
mbed::DigitalIn button(p10);
#define PRESSED 0
```

於 setup() 函式中將按鈕模式設定為 PullUp：

```
button.mode(PullUp);
```

由於按鈕直接接在 GND 和 GPIO 腳位上，需要開啟 PullUp 按鈕模式來啟動內建的上拉式電阻。當按鈕被按下時，mbed::DigitalIn 會回傳數值：0。

5. 匯入 "hardware/adc.h" 標頭檔以使用 ADC：

```
#include "hardware/adc.h"
```

使用 Raspberry Pi Pico 的**應用程式設計介面（API）**於 setup() 函式中初始化 ADC（**GP26**）：

```
adc_init(); adc_gpio_init(26); adc_select_input(0);
```

Raspberry Pi 在 *Raspberry Pi Pico SDK* 中提供了 RP2040 微控制器專用 的 API：https://raspberrypi.github.io/pico-sdk-doxygen/index.html

由於 Raspberry Pi Pico SDK 已被整合在 Arduino IDE 中，因此不需要匯入任何函式庫。只需要匯入草稿碼中的標頭檔（"hardware/adc.h"）即可使用 ADC 的 API。

在 setup() 函式中呼叫以下函式以初始化 ADC：

A. adc_init()：用以初始化 ADC。

B. adc_gpio_init(26)：用以初始化 ADC 使用的 GPIO。此函式需要指定 ADC 連接的 GPIO 腳位編號，由於 ADC0 是接在 **GP26** 上，因此為 26。

C. adc_select_input(0)：用以初始化 ADC 輸入。ADC 輸入是連接到所選 GPIO 的 ADC 編號。本專案是用 **ADC0** 所以為 0。

呼叫上述函式即可將 ADC 初始化為 *one-shot* 模式。

6. 宣告全域物件 mbed::Ticker 以使用計時器：

```
mbed::Ticker timer;
```

timer 物件會用語音抽樣的頻率（16kHz）來觸發計時器中斷。

7. 編寫計時器 ISR 以抽樣麥克風傳來的語音：

```
#define BIAS_MIC ((int16_t)(1.25f * 4095) / 3.3f)
volatile int  ix_buffer       = 0;
volatile bool is_buffer_ready = false;
void timer_ISR() {
  if(ix_buffer < EI_CLASSIFIER_RAW_SAMPLE_COUNT) {
    int16_t v = (int16_t)((adc_read() - BIAS_MIC));
    inference.buffer[ix_buffer] = v;
    ++ix_buffer;
  }
  else {
    is_buffer_ready = true;
  }
}
```

ISR 會用 `adc_read()` 函式來抽樣麥克風的訊號，並根據 ADC 的解析度，回傳一個 0 到 4096 之間的數值。由於 MAX9814 擴音器產生的訊號會有 1.25V 的偏壓，需要從測量中減掉相對應的數位樣本。以下公式說明了電壓樣本與轉換後數位樣本之間的關係：

$$DS = \frac{(2^{resolution} - 1) \cdot VS}{VREF}$$

公式說明如下：

- *DS* 代表數位樣本

- *resolution* 代表 ADC 解析度

- *VS* 代表電壓樣本

- *VREF* 為 ADC 的供電電壓參考（例如 `ADC_VREF`）

也就是說，VREF 為 3.3V 的 12 位元 ADC 會將 1.25V 偏壓轉換成 1552。

從測量結果減掉偏誤後，將數值儲存至語音緩衝區（`inference.buffer[ix_buffer] = v`）並累加緩衝索引值（`++ ix_buffer`）。

語音緩衝需要在 `setup()` 函式中透過 `microphone_inference_start()` 進行動態配置，並可用來保存 1 秒鐘長度錄音所需的樣本數。Edge

Impulse 已提供了 `EI_CLASSIFIER_RAW_SAMPLE_COUNT` C 定義來計算 1 秒鐘語音所需的樣本數。由於音頻流的抽樣頻率為 16kHz，語音緩衝區將可保存 16,000 個 `int16_t` 樣本。

語音緩衝滿了之後（`ix_buffer` 大於或等於 `EI_CLASSIFIER_RAW_SAMPLE_COUNT`），ISR 會將 `is_buffer_ready` 設為 `true`，`ix_buffer` 和 `is_buffer_ready` 皆為全域，因為主程式需要藉由它們得知錄音是否已滿。由於 ISR 會修改這些變數，因此需要將它們宣告為 `volatile` 以避免編譯器最佳化。

8. 在 `microphone_inference_record()` 中編寫以下程式碼來錄製 1 秒語音：

```
bool microphone_inference_record(void) {
  ix_buffer = 0;
  is_buffer_ready = false;
  led_builtin = ON;
  unsigned int sampling_period_us = 1000000 / 16000;
  timer.attach_us(&timer_ISR, sampling_period_us);
  while(!is_buffer_ready);
  timer.detach();
  led_builtin = OFF;
  return true;
}
```

在 `microphone_inference_record()` 函式中，在開始每一段新錄音時將 `ix_buffer` 設為 `0`，而 `is_buffer_ready` 為 `false`。

使用者可以透過內建 LED 知道錄音是否開始（`led_builtin = ON`）。

- 現在，初始化 `mbed::Ticker` 物件以觸發頻率為 16kHz 的中斷。呼叫 `attach_us()` 方法即可執行，所需內容如下：

- 觸發中斷時要呼叫的 ISR（`&timer_ISR`）。

- 觸發中斷的間隔時間。抽樣頻率為 16 kHz，故傳送 62us（`unsigned int sampling_period_us = 1000000 / 16000`）。

`while(!is_buffer_ready)` 迴圈會檢查錄音是否結束。

錄音結束便可停止產生計時器中斷（`timer.detach()`）並熄滅內建 LED（`led_builtin = OFF`）。

9. 在 `loop()` 函式中查看按鈕是否被按下：

```
if(button == PRESSED) {
```

如果是，等待將近 1 秒鐘的時間（例如 700ms）以避免錄到操作按鈕的聲音：

```
  delay(700);
```

建議直到錄音結束後再放開按鈕，同樣是為了避免錄到按鈕被放開時的聲響。

接著，用 `microphone_inference_record()` 函式錄製 1 秒語音，並呼叫 `run_classifier()` 以執行模型推論：

```
  microphone_inference_record();

  signal_t signal;
  signal.total_length = EI_CLASSIFIER_RAW_SAMPLE_COUNT;
  signal.get_data = &microphone_audio_signal_get_data;
  ei_impulse_result_t result = { 0 };

  run_classifier(&signal, &result, debug_nn);
```

在 `run_classifier()` 函式之後，使用 [在 Arduino Nano 上連續推論] 的程式碼來控制 RGB LED。

不過，在結束 `loop()` 函式之前要先等按鈕被放開：

```
  while(button == PRESSED);
}
```

編譯並將草稿碼上傳到微控制器。裝置準備就緒後按下按鈕，待內建 LED 亮起後試著貼近麥克風，大聲說出指令就能控制 RGB LED。

現在你可以聲控 RGB LED 了！

⊙ 補充

如果程式運作不如預期該怎麼辦？原因可能有很多，但其中一個會與錄製的語音有關。我們怎麼知道是否正確地錄音了？

為了方便除錯，我們實作了 `09_debugging.py`[6] Python 腳本，它會用 Raspberry Pi Pico 錄到的聲音產生一個音檔（`.wav`）。

Python 腳本可以在本機端執行，且作業環境只需要有 PySerial、uuid、**Struct** 和 **Wave** 模組即可。

請根據以下步驟執行 Python 腳本，在 Raspberry Pi Pico 上為應用程式除錯：

1. 將 `09_kws_raspberrypi_pico.ino` 草稿碼[7] 匯入 Arduino IDE，並將 `debug_audio_raw` 變數設為 `true`。此旗標會讓 Raspberry Pi Pico 在有新錄音時透過序列連線來傳送語音樣本。

2. 編譯並將 `09_kws_raspberrypi_pico.ino` 草稿碼上傳至 Raspberry Pi Pico。

3. 使用以下輸入引數來執行 `09_debugging.py` Python 腳本：

   - `--label`：指定給錄製語句的標籤，標籤會成為所生成的 `.wav` 音檔檔名前綴。

   - `--port`：Raspberry Pi Pico 所使用的序列裝置名稱。序列埠名稱取決於作業系統－例如，GNU/Linux 會是 `/dev/ttyACM0`，而 Windows 則為 `COMX`。從 Arduino IDE 的裝置清單中即可查看序列埠名稱：

---

6 https://github.com/PacktPublishing/TinyML-Cookbook/blob/main/Chapter04/
PythonScripts/09_debugging.py

7 https://github.com/PacktPublishing/TinyML-Cookbook/blob/main/Chapter04/
ArduinoSketches/09_kws_raspberrypi_pico.ino

圖 **4-45** Arduino Web Editor 的裝置清單

Python 腳本被執行之後,便會在按鈕被按下時解析序列埠傳來的語音樣本並生成一個 **.wav** 檔。

開啟任何一個支援 **.wav** 檔的軟體即可聆聽這個音檔。

如果 **.wav** 檔的聲音太小,請試著在錄音時貼近麥克風並大聲說話。

但是,如果音量沒問題但應用程式還是無法正常運作呢?這種情況多半是因為 ML 模型的通用性不夠好,無法有效處理駐極體麥克風的訊號。你可以將麥克風錄到的語音樣本加入 Edge Impulse 的訓練資料集,藉此解決這個問題。為此,可以從 Edge Impulse 的 **Data acquisition** 上傳這些 **.wav** 音檔,並再次訓練模型。準備好模型後,只需要再匯出一次新的 Arduino 函式庫然後匯入 Arduino IDE 就可以了。

如果你想知道這個腳本的工作原理,別擔心,下一章會進一步討論。

室內場景分類

電腦視覺正是讓卷積神經網路變得超熱門的原因之一。如果沒有這款深度學習演算法，物件辨識、場景理解與姿勢估計這類任務就會變得困難重重。時至今日，許多攝影機應用程式都已具備**機器學習**（**machine learning, ML**）能力，我們只要透過智慧型手機就能看到它們的運作效果。電腦視覺在微控制器也佔有一席之地，不過當然會受到板載記憶體較小的這項限制。

本章將使用 **OV7670** 攝影機模組搭配 Arduino Nano 33 BLE Sense 開發板來辨識室內環境，讓你明白微型裝置加入視覺能力之後的好處。

一開始先說明如何從 OV7670 攝影機模組取得影像。接著就會談到如何設計模型，並透過 **Keras** API 實作**遷移學習**來辨識廚房與浴室。最後，會運用 **TensorFlow Lite for Micocontrollers（TFLu）**把量化後的 **TensorFlow Lite（TFLite）**模型部署到 Arduino Nano 上。

本章目標是說明如何使用 TensorFlow 來應用遷移學習，並學會讓攝影機模組搭配微控制器的最佳作法。

本章主題如下：

- 使用 OV7670 攝影機模組來拍照

- 使用 Python 透過序列埠取得攝影機影格

- 將 QQVGA 影像由 YCbCr422 轉換為 RGB888

- 建置用於室內場景分類的資料集

- 使用 Keras 進行遷移學習

- 準備並測試量化後的 TFLite 模型

- 結合裁剪、調整大小、調整範圍與量化技術來降低 RAM 使用量

技術需求

本章所有實作範例所需項目如下：

- Arduino Nano 33 BLE Sense 開發板，1 片

- micro-USB 傳輸線，1 條

- 小型免焊麵包板，1 片

- OV7670 攝影機模組，1 組

- 按鈕，1 個

- 跳線（公對母），18 條

- 安裝 Ubuntu 18.04+ 或 Windows 10 的 x86-64 筆記型電腦或 PC

本章程式原始碼與相關材料請由本書 Github 的 **Chapter05** 資料夾取得：

`https://github.com/PacktPublishing/TinyML-Cookbook/tree/main/Chapter05`

使用 OV7670 攝影機模組來拍照

為 Arduino Nano 加入視覺是解放電腦視覺應用的第一步。

本章第一個專案中會使用 Arduino Nano 製作一個可操作 OV7670 攝影機模組來拍照的電路。電路完成之後，就可透過 Arduino 提供的 CameraCaptureRawBytes 草稿碼，藉由序列通訊來傳送像素值。

本專案的 Arduino 草稿碼請由此取得：

* 01_camera_capture.ino：

  https://github.com/PacktPublishing/TinyML-Cookbook/blob/main/
  Chapter05/ArduinoSketches/01_camera_capture.ino

◉ 事前準備

OV7670 攝影機模組是本專案中的主要元件，可搭配 Arduino Nano 來拍攝照片。它是針對 TinyML 應用中最平價的攝影機之一了（從許多經銷商都能用低於 10 美金的價格取得）。成本並非我們採用這款感測器的唯一理由。讓這款裝置得到我們青睞的原因如下：

* **支援所需的 Frame 解析度與顏色格式**：由於微控制器的記憶體非常有限，我們應該要採用可以轉換為低解析度影像的攝影機。OV7670 攝影機就是個不錯的選擇，因為它可輸出 **QVGA** (320x240) 與 **QQVGA** (160x120) 大小的影像。再者，該裝置可把影像編碼為多種顏色格式，例如 **RGB565**、**RGB444** 與 **YUCbCr422**。

* **支援所需的軟體函式庫**：攝影機很難在沒有軟體驅動程式的前提下來控制。因此，一般來說都會推薦已有支援軟體函式庫的視覺感測器，這樣可讓程式開發更順暢。OV7670 針對 Arduino Nano 33 BLE Sense 開發板已有對應的函式庫[1]，並已整合在 Arduino 網路編輯器中。

1　https://github.com/arduino-libraries/Arduino_OV767X

上述因素,以及供電電壓、消耗功率、幀率與介面等等,都是在為 TinyML 應用挑選合適的視覺模組時所需考量到的。

◉ 實作步驟

首先拿出 30 列 ×10 排的小型麵包板,並沿著左右的共電與終端帶來把 Arduino Nano 垂直插上去,如下圖:

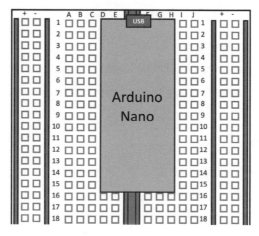

圖 5-1 將 Arduino Nano 垂直安裝於麵包板

請根據以下步驟,使用 Arduino Nano、OV7670 模組與按鈕來完成電路:

1. 使用公 - 母跳線共 16 條,來連接 OV7670 攝影機模組與 Arduino Nano,如下圖:

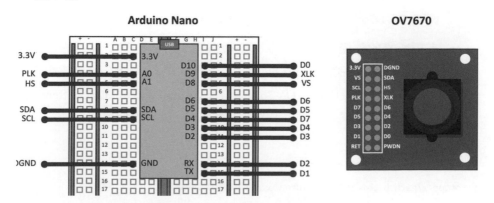

圖 5-2 Arduino Nano 與 OV7670 接線說明

雖然 OV7670 有 18 隻腳位，在此只要接 16 隻。

OV7670 攝 影 機 模 組 與 Arduino Nano 的 接 線 方 式 是 遵 循 **Arduino_ OV767X** 函式庫的要求。

> **Tips**
>
> 請由以下連結參考 Arduino_OV767 函式庫所指定的腳位配置：
>
> https://github.com/arduino-libraries/Arduino_OV767X/blob/master/
> src/OV767X.h

2. 將一個按鈕接上麵包板，並將對應腳位接到 **P0.30** 與 **GND**：

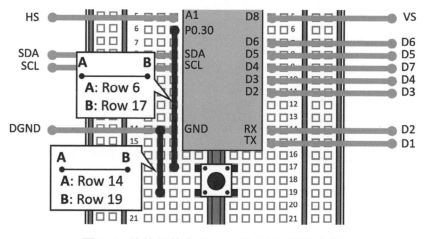

圖 5-3 將按鈕接在 P0.30 與 GND 腳位之間

按鈕在此不需要再外接電阻，因為我們會使用微控制器腳位的上拉電阻。

現在請開啟 Arduino IDE 並根據以下步驟來實作草稿碼，當按下按鈕時就可以拍照：

1. 請由 **Examples->FROM LIBRARIES->ARDUINO_OV767X** 開啟 CameraCaptureRawBytes 草稿碼：

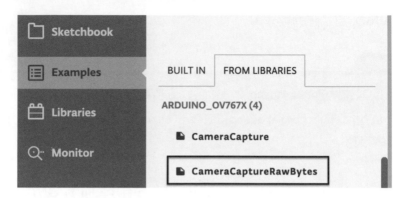

圖 5-4 CameraCaptureRawBytes 草稿碼

將 CameraCaptureRawBytes 的內容複製到另一個新的草稿碼中。

2. 宣告並初始化全域物件 mbed::DigitalIn 來讀取按鈕狀態：

```
mbed::DigitalIn  button(p30);
#define PRESSED 0
```

接著在 setup() 函式中，把按鈕的腳位模式設為 PullUp：

```
button.mode(PullUp);
```

3. 在 setup() 函式中，把序列周邊的鮑率設為 115600：

```
Serial.begin(115600);
```

4. 在 loop() 函式中加入一個用來檢查按鈕是否被按下的 if 條件。當按鈕被按下時就會要求 OV7670 攝影機拍攝一張照片，再透過序列埠把像素值發送出去：

```
if(button == PRESSED) {
  Camera.readFrame(data);
  Serial.write(data, bytes_per_frame);
}
```

> **Note**
>
> 內建的 `CameraCaptureRawBytes` 草稿碼中的所有變數名稱都遵循了 **PascalCase**，所以每個字的第一個字母都是大寫。但為了與本書的首字母小寫保持一致，在此把 `BytesPerFrame` 改名為 `bytes_per_frame`。

編譯並將草稿碼上傳到 Arduino Nano。現在，請由 Arduino IDE 的 **Editor** 選單中點選 **Monitor**，開啟序列埠監控視窗。每當按下按鈕時，可在本視窗中看到傳送進來的所有像素值。

使用 Python 由序列埠取得攝影機影格

上個專案說明了如何取得來自 OV7670 的影像，但還沒有提供好的方式來呈現這些影像。

本專案會使用 Python 來解析所有從序列埠傳進來的像素值，藉此將擷取到的影像呈現在畫面上。

本專案的 Arduino 草稿碼與 Python 腳本請由此取得：

- `02_camera_capture_qvga_rgb565.ino`：

  https://github.com/PacktPublishing/TinyML-Cookbook/blob/main/ Chapter05/ArduinoSketches/02_camera_capture_qvga_rgb565.ino

- `02_parse_camera_frame.py`：

  https://github.com/PacktPublishing/TinyML-Cookbook/blob/main/ Chapter05/PythonScripts/02_parse_camera_frame.py

◉ 事前準備

相較於目前為止的所有 Python 程式，我們會在寫一份可執行於本機端電腦的 Python 腳本來存取 Arduino Nano 所代表的序列埠。

使用 Python 來解析序列資料需要用到 pyserial 函式庫，透過 pip 這套 Python 套件管理器即可安裝：

```
$ pip install pyserial
```

不過，pyserial 並非本專案會用到的唯一軟體模組。由於我們要把從序列埠傳送進來的資料來建立影像，就還需要 Python 的 Pillow 函式庫（PIL）才能完成這項任務。

請用以下 pip 指令來安裝 PIL 模組：

```
$ pip install Pillow
```

不過，微控制器到底會用到怎樣的資料格式呢？

藉由序列埠來傳送 RGB888 影像

為了簡化透過序列埠所傳送像素之解析過程，我們會稍微修改一下上一個專案中的 Arduino 草稿碼，改用 **RGB888** 格式來傳輸影像。這個格式會把像素打包為 3 個位元組，每種顏色各自用到 8 個位元。

使用 RGB888，代表本專案的 Python 腳本不需要額外轉換作業，就能直接透過 PIL 來建立影像。

本範例是練習如何把影像搭配元資料傳送出去的好機會，藉此了解如何簡化解析流程並檢查通訊錯誤。

以本專案來說，元資料會提供以下資訊：

1. 開始影像傳輸：傳送 <image> 字串來代表通訊開始。

2. 影像解析度：將影像解析度以一串數字（由數字所組成的字串）傳送出去，代表要傳送多少筆 RGB 像素。寬度與高度會以兩列分別發送出去。

3. 完成影像傳輸：所有像素值都發送完畢之後，傳送 </image> 字串來代表通訊結束。

像素值會接在影像解析度元資料之後被送出，順序是由上到下，由左到右（遵循逐線掃描順序）：

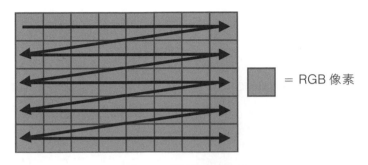

= RGB 像素

圖 5-5　逐線掃描順序

顏色元件也是以數值字串來傳送，遵循 RGB 順序並以換行字元（\n）結尾。因此，最先的是紅色通道，最後則是藍色，如下圖：

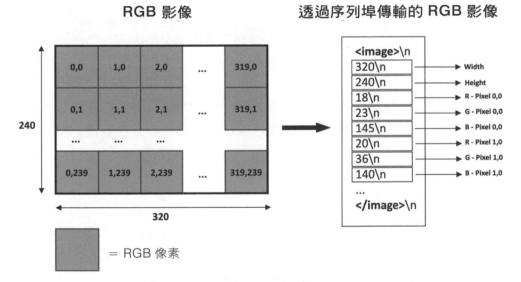

圖 5-6　RGB 影像進行序列傳輸的通訊協定

由上圖可知，像素值都是按照逐線掃描的順序來傳送。各顏色元件都是以一個以換行字元（\n）作為結尾的數值字串來發送。

不過，由於 OV7670 攝影機的初始化設定是以 RGB565 顏色格式來輸出影像。因此在將攝影機像素透過序列埠發送出去之前，需要先把它們轉換為 RGB888 格式。

如何將 RGB565 轉換為 RGB888 格式

你應該已經發現，`CameraCaptureRawBytes` 草稿碼中正是使用 RGB565 格式來初始化攝影機：

```
Camera.begin(QVGA, RGB565, 1)
```

RGB565 會把像素打包為兩個位元組，紅色與綠色元件會用掉 5 個位元，而藍色則會用掉 6 個位元：

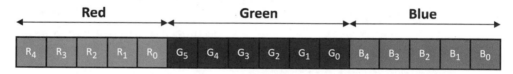

圖 5-7 RGB565 顏色格式

由於這種顏色格式可有效降低影像大小，因此相當適用於記憶體容量受限的嵌入式系統。不過，我們已經透過降低顏色元件的動態範圍來成功減少記憶體用量。

◎ 實作步驟

在以下步驟中，你可看出如何修改上一個專案的 Arduino 草稿碼，使其可透過序列埠來發送 RGB888 格式的像素。草稿碼完成之後，我們還會另外寫一個 Python 腳本來把從序列埠傳來的影像顯示在螢幕上：

1. 自定義一個把 RGB565 像素轉換為 RGB888 的函式：

```
void rgb565_rgb888(uint8_t* in, uint8_t* out) {
  uint16_t p = (in[0] << 8) | in[1];
  out[0] = ((p >> 11) & 0x1f) << 3;
```

```
  out[1] = ((p >> 5) & 0x3f) << 2;
  out[2] = (p & 0x1f) << 3;
}
```

這個函式會從輸入緩衝區取得 2 個位元組來組成 16 位元的 RGB565
像素。第一個位元組 (`in[0]`) 會被左移 8 個位元，好使其成為 p 變數
(資料型態為 `uint16_t`) 較高的那一半，第二個位元組 (`in[1]`) 則是另
一半：

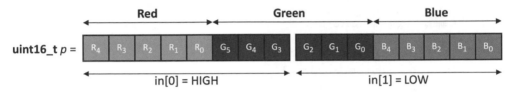

圖 5-8 RGB565 像素是由 in[0] 與 in[1] 兩個位元組所組成

16 位元像素準備好了之後，就可透過 p 來取得 8 位元顏色元件，做法
是把各個顏色通道朝著最低有效位元組的起始位元進行向右位移。

- 8 位元紅色通道 (`out[0]`) 可由對 p 右移 11 個位元來取得，這樣會使
  得 **R0** 變成 `uint16_t` 變數的第一個位元。之後對其施加一個 `0x1F`
  的位元遮罩來清除所有非紅色的位元（除了前五個位元之外，所有
  位元都會被清除）。

- 8 位元綠色通道 (`out[1]`) 可對 p 右移 5 個位元之後來取得，這樣
  會使得 **G0** 變成 `uint16_t` 變數的第一個位元。之後對其施加一個
  `0x3F` 的位元遮罩來清除所有非綠色的位元（除了前六個位元之外，
  所有位元都會被清除）。

- 8 位元藍色通道 (`out[2]`) 無須位移就能取得，因為 **B0** 本來就是
  `uint16_t` 變數的第一個位元了。因此，我們只要施加一個 `0x1F` 的
  位元遮罩來清除所有非藍色的位元即可（除了前五個位元之外，所
  有位元都會被清除）。

最後，我們多做了一次位元左移，將各顏色通道的最高有效位元移動
到位元組的第八個位置。

2. 在 setup() 函式中啟用 testPattern：

```
Camera.testPattern();
```

當**測試圖案（test pattern）**模式啟用之後，攝影機模組會不斷回傳一個由色帶所組成的固定影像。

3. 在 loop() 函式中，請把 Serial.write(data, bytes_per_frame) 換成以下內容，就能透過序列埠來發送 RGB888 像素：

```
Camera.readFrame(data);
uint8_t rgb888[3];
Serial.println("<image>");
Serial.println(Camera.width());
Serial.println(Camera.height());
const int bytes_per_pixel = Camera.bytesPerPixel();
for(int i = 0; i < bytes_per_frame; i+=bytes_per_pixel) {
  rgb565_rgb888(&data[i], &rgb888[0]);
  Serial.println(rgb888[0]);
  Serial.println(rgb888[1]);
  Serial.println(rgb888[2]);
}
Serial.println("</image>");
```

通訊開始之後，就會透過序列埠發送 <image> 字串與影像解析度（Camera.width(), Camera.height()）。

接著，把儲存於攝影機緩衝區的所有位元組跑過一遍，接著使用 rgb565_rgb888() 函式來將 RGB565 轉換為 RGB888 格式。最後，以數字所組成的字串搭配換行字元 (\n) 來送出各個顏色元件。

轉換完成之後，送出 </image> 字串代表資料傳輸結束。

現在，編譯草稿碼並上傳到 Arduino Nano。

4. 在你的電腦上，新增一個 Python 腳本並匯入以下模組：

```
import numpy as np
import serial
from PIL import Image
```

5. 根據 Arduino Nano 所使用的傳輸埠號與鮑率來初始化 **pyserial**：

```
port = '/dev/ttyACM0'
baudrate = 115600
ser = serial.Serial()
ser.port     = port
ser.baudrate = baudrate
```

檢查序列埠名稱最簡單的方法，就是在 Arduino IDE 中的**裝置 (Device)** 下拉式選單中來檢查：

圖 5-9 Arduino Web Editor 的裝置下拉式選單

由上圖可知，序列埠名稱為 **/dev/ttyACMO**。接著，開啟序列埠並清除輸入緩衝區的內容：

```
ser.open()
ser.reset_input_buffer()
```

6. 建立一個工具函式，它可以把來自序列埠的一列訊息以字串回傳：

```
def serial_readline():
  data = ser.readline
  return data.decode("utf-8").strip()
```

Arduino Nano 透過序列埠所傳送的字串是以 UTF-8 來編碼，並以換行符號來結尾。因此，要把 UTF-8 編碼的位元組解碼並移除換行符號，這會分別用到 **.decode("utf-8")** 與 **.strip()** 語法。

7. 建立一個 3D Numpy 陣列，用於儲存由序列埠所傳送的像素值。由於 Arduino Nano 還會發送影格解析度，你可先把寬度與高度初始化為 **1**，後續在解析序列資料流時再調整 NumPy 陣列大小即可：

```
width  = 1
height = 1
num_ch = 3
image = np.empty((height, width, num_ch), dtype=np.uint8)
```

8. 使用 while 迴圈來逐列讀取序列資料：

```
while True:
  data_str = serial_readline()
```

檢查是否有 <image> 元資料：

```
  if str(data_str) == "<image>":
```

如果有，就根據其內容來解析影格解析度（寬度與高度）並調整
NumPy 陣列大小：

```
  w_str = serial_readline()
  h_str = serial_readline()
  w = int(w_str)
  h = int(h_str)
  if w != width or h != height:
    if w * h != width * height:
      image.resize((h, w, num_ch))
    else:
      image.reshape((h, w, num_ch))
    width  = w
    height = h
```

9. 得知解析度之後，接著解析由序列埠傳送過來的像素值，並將它們存
在一個 NumPy 陣列中：

```
for y in range(0, height):
    for x in range(0, width):
        for c in range(0, num_ch):
            data_str = serial_readline()
            image[y][x][c] = int(data_str)
```

如果希望程式碼更簡潔的話，可改用以下程式碼，其中就不再使用巢狀 for 迴圈：

```
for i in range(0, width * height * num_ch):
  c = int(i % num_ch)
  x = int((i / num_ch) % width)
  y = int((i / num_ch) / width)
  data_str = serial_readline()
image[y][x][c] = int(data_str)
```

10. 檢查最後一列是否有 `</image>` 元資料，如果有，就把影像顯示於螢幕上：

```
data_str = serial_readline()
if str(data_str) == "</image>":
  image_pil = Image.fromarray(image)
  image_pil.show()
```

請確認 Arduino Nano 已正確連上電腦，再執行 Python 腳本。現在，每當你按下按鈕時，Python 程式就會解析來自序列埠的資料，並在數秒之後顯示一張由 8 條色帶所組成的影像，效果請參考以下連結的圖檔：

https://github.com/PacktPublishing/TinyML-Cookbook/blob/main/
Chapter05/test_qvga_rgb565.png

如果你無法取得如上連結的測試影像的話，建議檢查攝影機與 Arduino Nano 的所有接線是否正確。

將 QQVGA 影像由 YCbCr422 轉換為 RGB888

在編譯上一份草稿碼時，你可能會在 Arduino IDE 輸出日誌中看到 **Low memory available, stability may occur** 這則警告訊息。

Arduino IDE 之所以會產生這則警告是因為 RGB565 顏色格式的 QVGA 影像需要大約 153.6 KB 的緩衝區，而這已經佔用了微控制器可用 SRAM 的 60% 左右。

本專案將示範如何取得更低解析度的影像，並使用 YCbCr422 顏色格式來避免影像品質變差。

本專案的 Arduino 草稿碼請由此取得：

- `03_camera_capture_qqvga_ycbcr422.ino`：
  https://github.com/PacktPublishing/TinyML-Cookbook/blob/main/
  Chapter05/ArduinoSketches/03_camera_capture_qqvga_ycbcr422.ino

◉ 事前準備

降低影像尺寸的關鍵就是解析度與顏色格式。

大家都知道影像會吃掉大量的記憶體，當使用微控制器來處理影像時就可能發生問題。

降低影像解析度是減少影像記憶體占用量的常用方法之一。微控制器所採用的標準解析度影像通常都低於 QVGA (320x240)，例如 **QQVGA** (160x120) 或 **QQQVGA** (80x60)。即便已有較低解析度的影像，但依然無法都適用於各種電腦視覺應用。

顏色編碼則是另一個減少影像記憶體占用大小的好用技巧。上一個專案已說明，RGB565 格式可藉由降低顏色元件的動態範圍來節省記憶體。不過，OV7670 攝影機模組提供了另一個效率更好的顏色編碼格式：**YCbCr422**。

將 YCbCr422 轉換為 RGB888

YCbCr422 是一種數位顏色編碼，它並非以紅色、綠色、藍色強度來呈現某個像素的顏色，而是使用亮度（Y）、藍色色差（Cb）與紅色色差（Cr）等彩度元件。

OV7670 攝影機模組可直接輸出 YCbCr422 格式的影像，代表 Cb 與 Cr 可被同一條掃描線上的兩個連續像素所共用。因此，編碼兩個像素只會用掉 4 個位元組。

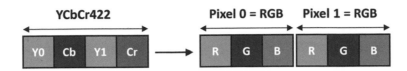

圖 **5-10** YCbCr422 格式的四個位元組即可涵蓋兩個 RGB888 像素

雖然 YCbCr422 與 RGB565 一樣，每個像素都會用掉兩個位元組，但它可提供更好的影像品質。

下表是將 YCbCr422 轉換為 RGB888 的顏色轉換公式，就是一些整數算術而已：

顏色	轉換公式
Red	$R_i = Y_i + Cr + (Cr >> 2) + (Cr >> 3) + (cr >> 5) \in [0, 255]$
Green	$G_i = Y_i - (Cb >> 2) - (Cb >> 4) - (Cb >> 5) - (Cr >> 1) - (Cr >> 3) - (Cr >> 5) \ \varepsilon \ [0, 255]$
Blue	$B_i = Y_i + Cb + (Cb >> 1) + (Cb >> 2) + (Cb >> 6) \in [0, 255]$

圖 **5-11** YCbCr422 轉換為 RGB888 所需的公式

Ri、Gi、Bi 與 Yi 的下標 i 代表像素索引，其值可為 0（第一個像素）或 1（第二個像素）。

◉ 實作步驟

開啟上一個專案的 Arduino 草稿碼，根據以下步驟來修改，就可由 OV7670 攝影機模組取得 QQVGA YCbCr422 影像：

1. 調整攝影機緩衝區（data），以符合 YCbCr422 顏色格式的 QQVGA 影像解析度：

```
byte data[160 * 120 * 2];
```

相較於上一個專案，QQVGA 解析度只會用到 1/4 的緩衝區呢！

2. 以下函式可由 Y、Cb 與 Cr 元件取得 RGB888 像素：

```
template <typename T>
inline T clamp_0_255(T x) {
  return std::max(std::min(x, (T)255)), (T)(0));
}

void ycbcr422_rgb888(int32_t Y, int32_t Cb,
                     int32_t Cr, uint8_t* out) {
  Cr = Cr - 128;
  Cb = Cb - 128;
  out[0] = clamp_0_255((int)(Y + Cr + (Cr >> 2) +
                         (Cr >> 3) + (Cr >> 5)));
  out[1] = clamp_0_255((int)(Y - ((Cb >> 2) + (Cb >> 4) +
                         (Cb >> 5)) - ((Cr >> 1) +
                         (Cr >> 3) + (Cr >> 4)) +
                         (Cr >> 5)));
  out[2] = clamp_0_255((int)(Y + Cb + (Cb >> 1) +
                         (Cb >> 2) + (Cb >> 6)));
}
```

本函式只會回傳兩個像素，這是因為 Cb 與 Cr 元件可被兩個像素共享的緣故。

在此會用到與前一段相同的轉換公式。

Attention

請注意，OV7670 的回傳順序是 Cr 再 Cb。

3. 在 setup() 函式中，首先初始化 OV7670 攝影機，並要求它以 YCbCr422 (YUV422) 顏色格式來擷取 QQVGA 影格：

```
if (!Camera.begin(QQVGA, YUV422, 1)) {
  Serial.println("Failed to initialize camera!");
  while (1);
}
```

討厭的是，OV7670 的驅動程式會自動把 **YCbCr422** 視為 **YUV422**，這會造成混淆。YUV 與 YCbCr 的主要差異在於 YUV 是用於類比電視。因此，在此雖然是對 `Camera.begin()` 使用了 `YUV422` 參數，實際上仍是以 YCbCr422 來初始化裝置。

4. 在 `loop()` 函式中，移除了用於存放前一個攝影機緩衝區中所有 RGB565像素的語法。接著，透過以下程式從 **YCbCr422** 攝影機緩衝區讀取 4 個位元組並回傳 2 個 RGB888 像素：

```
const int step_bytes = Camera.bytesPerPixel() * 2;
for(int i = 0; i < bytes_per_frame; i+=step_bytes) {
  const int32_t Y0 = data[i + 0];
  const int32_t Cr = data[i + 1];
  const int32_t Y1 = data[i + 2];
  const int32_t Cb = data[i + 3];
  ycbcr422_to_rgb888_i(Y0, Cb, Cr, &rgb888[0]);
  Serial.println(rgb888[0]);
  Serial.println(rgb888[1]);
  Serial.println(rgb888[2]);
  ycbcr422_to_rgb888_i(Y1, Cb, Cr, &rgb888[0]);
  Serial.println(rgb888[0]);
  Serial.println(rgb888[1]);
  Serial.println(rgb888[2]);
}
```

編譯草稿碼並上傳到 Arduino Nano。執行 Python 腳本，接著按下麵包板上的按鈕。幾秒之後，你會再次在螢幕上看到一個由八條垂直色帶所組成的影像，效果請參考以下連結的圖檔：

https://github.com/PacktPublishing/TinyML-Cookbook/blob/main/
Chapter05/test_qqvga_ycbcr422.png

相較於 RGB565 格式，這次的影像應該尺寸小得多，但顏色更為鮮明。

建置用於室內場景分類的資料集

可以操作攝影機來擷取畫面之後，也是時侯來建立用於分類室內環境的資料集了。

本專案會操作 OV7670 攝影機來拍攝廚房與浴室的影像，藉此建立資料集。

本專案的 Python 腳本請由此取得：

- 04_build_dataset.py：
  https://github.com/PacktPublishing/TinyML-Cookbook/blob/main/
  Chapter05/PythonScripts/04_build_dataset.py

◎ 事前準備

從頭訓練一個可分類影像的深度神經網路，其所需的資料集一般來說每個類別需要約 1,000 張影像。可想而知，要操作本專案硬體來拍攝這麼多張照片會耗費大量時間，所以談不上是個可行的方法。

因此，我們將採用另一項 ML 技術：**遷移學習（transfer learning）**。

遷移學習這項技術相當熱門，採用某個預訓練模型搭配小型資料集就能訓練出不錯的深度神經網路。本專案就會用到這項 ML 技術，使得資料集中的每個類別只需要 20 張影像就可以取得一個可運作的基本模型。

◎ 實作步驟

在實作 Python 腳本之前，請先移除 Arduino 草稿碼中的測試圖案模式語法（Camera.testPattern()），這樣才能取得即時影像。完成之後，請編譯並把草稿碼上傳到板子。

本專案的 Python 腳本會用到「使用 *Python 由序列埠取得攝影機影格*」範例中的程式碼。以下步驟會說明如何修改 Python 腳本將所取得的影像存為 **.png** 檔案並建置一個用於辨識廚房與浴室的資料集：

1. 匯入 Python 的 **UUID** 模組：

```
import uuid
```

UUID 可為 **.png** 圖檔產生不重複的唯一檔名。

2. 程式一開始，新增一個作為標籤名稱的變數：

```
label = "test"
```

標籤名稱會放在 **.png** 檔的開頭。

3. 從序列埠收到影像之後，將其裁切為正方形並顯示於畫面上：

```
crop_area = (0, 0, height, height)
image_pil = Image.fromarray(image)
image_cropped = image_pil.crop(crop_area)
image_cropped.show()
```

之所以要把從序列埠所取得的影像裁切為正方形，這是因為預訓練模型要求輸入必須是正方形比例。我們切除了影像的左側，做法是取得與原始圖片等高的區域，如下圖：

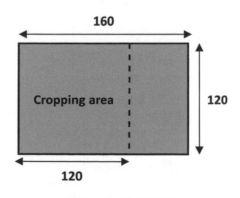

圖 5-12 裁切區域

圖片接著就會顯示在畫面上了。

4. 接著詢問使用者是否要儲存影像，並用 Python 的 `input()` 函式來讀取回應。如果使用者按下了鍵盤的 y 鍵，就會接著詢問標籤名稱，並把影像儲存為 `.png` 檔：

```python
key = input("Save image? [y] for YES: ")
  if key == 'y':
    str_label = "Write label or leave it blank to use [{}]: ".format(label)
    label_new = input(str_label)
    if label_new != '':
      label = label_new
    unique_id = str(uuid.uuid4())
    filename = label + "_"+ unique_id + ".png"
    image_cropped.save(filename)
```

如果使用者未輸出標籤名稱，程式會採用上一次的標籤名稱。

`.png` 檔名會是 `<label>_<unique_id>`，其中 `<label>` 為使用者所選用的標籤，而 `<unique_id>` 則是由 UUID 函式庫所產生的唯一辨識符。

5. 使用 OV7670 攝影機拍攝廚房與浴室的影像各 20 張。由於每個類別的圖片數量並不多，建議你將攝影機對準場域中的特定物體。

別忘了，unknown 類別也需要 20 張照片，代表這個地方不是廚房也不是浴室。

取得所有影像之後，請把它們放到不同的子目錄中，記得要符合對應類別的名稱，完成後的目錄結構如下圖：

圖 5-13 目錄結構範例

最後，將這三個資料夾打包成一個 `.zip` 壓縮檔。

使用 Keras 進行遷移學習

遷移學習（Transfer learning）是相當實用有效的技術，在使用深度學習處理小型資料集時可立即取得結果。

本專案將應用遷移學習搭配 MobileNet v2 預訓練模型來辨識室內環境。

本專案的 Colab 筆記本請由此取得（「**使用 Keras 進行遷移學習**」這一節）：

- `prepare_model.ipynb`：
  https://github.com/PacktPublishing/TinyML-Cookbook/blob/main/
  Chapter05/ColabNotebooks/prepare_model.ipynb

◉ 事前準備

遷移學習會運用指定的預訓練模型，好在短時間內取得一個可用的 ML 模型。

使用遷移學習進行影像分類時，預訓練模型（其中用到了卷積層）會耦合一個可訓練的**分類器（頭）**，如下圖：

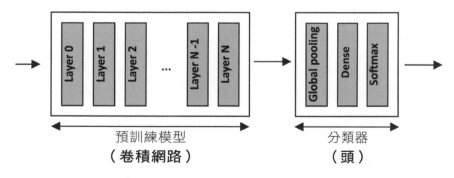

圖 5-14　運用了遷移學習的模型架構

由上圖可知，預訓練模型扮演了特徵擷取的骨幹，並將其結果送入分類器，後者一般來說是由全域池化層、密集層與 softmax 層所組成。

以我們的情境來說只需要訓練分類器即可。因此，預訓練模型會被凍結起來，並只扮演固定的特徵擷取器。

Keras 提供多種不同的預訓練模型，例如 VGG16、ResNet50、 InceptionV3、MobileNet 等等。但是，應該要選用哪一個呢？

在考量到針對 TinyML 情境的預訓練模型時，模型大小是一個須牢記於心的指標，代表可否順利把深度學習架構放入記憶體受限的裝置中。

由 Keras 提供的預訓練模型（https://keras.io/api/applucations/）列表可知，**MobileNet v2** 這款神經網路的參數較少，適合部署於算力有限的目標裝置上。

MobileNet 網路的設計選項

MobileNet v2 是 MobileNet 網 路 架 構 的 第 二 代， 因 此 相 較 於 前 一 代（**MobileNet v1**），它只需要一半的運算量，而且準確率更高。

就架構面來說本模型可說是首選，因為 MobileNet 網路能讓邊緣裝置的推論做到又小、又快又準確。

第一代的 MobileNet 網路之所以適用於邊緣推論，成功的設計點之一是因為它採用了**深度卷積（depthwise convolution）**。

我們可能都知道，傳統的卷積層以大量運算而著稱。甚者，在處理 3×3 或更大一點的核心時，這個運算通常需要額外的暫存記憶體來降低矩陣乘法所需的運算量。

MobileNet v1 的 核 心 想 法 是 把 標 準 的 2D 卷 積 換 成**深 度 可 分 離 卷 積（depthwise separable convolution）**，如下圖：

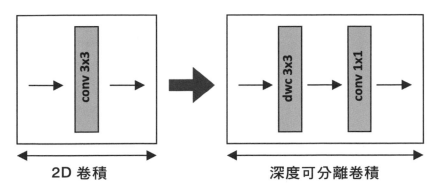

圖 **5-15** 深度可分離卷積

由上圖可知，深度可分離卷積是由一個核心為 3×3 的深度卷積，接著一個核心為 1×1 的卷積層（也稱為**點卷積 /pointwise convolution**）所組成。這個做法能減少可訓練參數的數量、降低記憶體用量，以及降低運算成本。

MobileNet v2 則是以較少的通道數來對張量進行卷積，藉此進一步減少運算量。

就更理想的運算來看，所有的層都應該以更少的通道數量（**特徵圖 /feature map**）來進行張量運算，才能進一步壓低模型的延遲。從準確率的實務觀點來看，這代表既便是本專案的迷你張量也可以保有解決問題所需的關鍵特徵。

單單運用深度可分離卷積還不夠，因為**特徵圖**數量減少會連帶造成模型準確率下降。因此，MobileNet v2 導入了**瓶頸殘差區塊（bottleneck residual block）**來讓網路所使用的通道數更少：

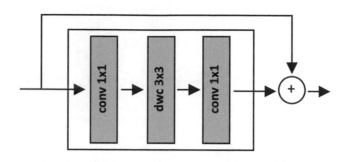

圖 5-16 瓶頸殘差區塊

瓶頸殘差區塊扮演的角色為**特徵壓縮器**。如上圖，輸入會透過逐點卷積來
處理，因此擴展了（也就是增加）特徵圖的數量。接著，卷積後的輸出會
送入深度可分離卷積層，在此把特徵壓縮成更少的輸出通道。

◉ 實作步驟

新增一個 Colab notebook。接著，使用選單左上角的上傳按鈕來上傳資料
集壓縮檔（`dataset.zip`）：

圖 5-17 Colab 檔案管理員選單的上傳按鈕

現在請根據以下步驟，使用 MobileNet v2 預訓練模型來應用遷移學習：

1. 解壓縮資料集：

```python
import zipfile
with zipfile.ZipFile("dataset.zip", 'r') as zip_ref:
  zip_ref.extractall(".")
data_dir = "dataset"
```

2. 準備訓練與驗證資料集：

```python
train_ds = tf.keras.utils.image_dataset_from_directory(
  data_dir,
  validation_split=0.2,
  subset="training",
  seed=123,
  interpolation="bilinear",
  image_size=(48, 48))

val_ds = tf.keras.utils.image_dataset_from_directory(
  data_dir,
  validation_split=0.2,
  subset="validation",
  seed=123,
  interpolation="bilinear",
  image_size=(48, 48))
```

3. 上述程式碼會把輸入影像大小以雙線性插值法調整為 48x48，並以 80/20 分割比例來產生訓練與驗證資料集。

4. 把像素值數值範圍從原本的 [0, 255] 調整為 [-1, 1]：

```python
rescale = tf.keras.layers.Rescaling(1./255, offset= -1)
train_ds = train_ds.map(lambda x, y: (rescale(x), y))
val_ds   = val_ds.map(lambda x, y: (rescale(x), y))
```

之所以要把像素範圍從 [0, 255] 調整為 [-1, 1]，是因為預訓練模型的輸入張量只接受這個區間範圍中的資料。

5. 匯入 MobileNet v2 預訓練模型，其權重已根據 ImageNet 資料集訓練完成，並設定 `alpha=0.35`。再者，將輸入影像設定為預訓練模型可接受的最低解析度 (48, 48, 3)，最後再加入頂層（全連接層）：

```
base_model = MobileNetV2(input_shape=(48, 48, 3),
                         include_top=False,
                         weights='imagenet',
                         alpha=0.35)
```

MobileNet v2 以外，Keras 還提供了更多 MobileNet 變體。由 Keras 的 MobileNet v2 模型清單中 [2]，我們選用了 *mobilenet_v2_0.35_96*，因為其輸入尺寸 (48,48,3) 與 alpha 值 (0.35) 皆為最小。

6. 凍結權重，這些值在訓練過程就不會再被更新了：

```
base_model.trainable = False
feat_extr = base_model
```

7. 增強輸入資料：

```
augmen = tf.keras.Sequential([
tf.keras.layers.experimental.preprocessing.RandomFlip('horizontal'),  tf.
keras.layers.experimental.preprocessing.RandomRotation(0.2),])

train_ds = train_ds.map(lambda x, y: (augmen(x), y))
val_ds = val_ds.map(lambda x, y: (augmen(x), y))
```

由於我們手邊的資料集並不大，建議手動對影像加入一些隨機的變形效果，好避免過擬合。

8. 加入全域池化層，後面再接一個 softmax 觸發的密集層作為最後一個分類層：

```
global_avg_layer = tf.keras.layers.GlobalAveragePooling2D()

dense_layer = tf.keras.layers.Dense(3, activation='softmax')
```

---

2 https://github.com/keras-team/keras-applications/blob/master/keras_applications/
   mobilenet_v2.py

9. 建置模型架構：

```
inputs = tf.keras.Input(shape=MODEL_INPUT_SIZE)
x = global_avg_layer(feat_extr.layers[-1].output)
x = tf.keras.layers.Dropout(0.2)(x)
outputs = dense_layer(x)
model = tf.keras.Model(inputs=feat_extr.inputs,
                       outputs=outputs)
```

建議對特徵擷取模組採用 training=False，代表不去更新 MobileNet v2 中的批正規化層之內部變數值（平均數與標準差）。

10. 以 0.0005 的學習率來編譯模型：

```
lr = 0.0005
model.compile(
optimizer=tf.keras.optimizers.Adam(learning_rate=lr),
loss=tf.losses.SparseCategoricalCrossentropy(from_logits=False),
metrics=['accuracy'])
```

TensorFlow 的學習率預設為 0.001。之所以要把學習率再降到 0.0005 是為了避免過擬合。

11. 訓練模型 10 回合（epoch）：

```
model.fit(
  train_ds,
  validation_data=val_ds,
  epochs=10)
```

對於驗證資料集的預期準確率應該約為 90% 或更高。

12. 把 TensorFlow 模型儲存為 SavedModel：

```
model.save("indoor_scene_recognition")
```

現在已經準備好透過 TFLite 轉換器來量化模型了。

準備並測試量化後的 TFLite 模型

如第 3 章所述，模型需要被量化為 8 位元才能在微控制器上以更好的效率來執行。不過，我們要如何知道某個模型可否塞得進去 Arduino Nano？再者，我們要如何確定量化後的模型真的可以保留原本浮點數版本的準確率？

這些問題在本專案中就有答案，會向你示範如何評估由 TFLite 轉換器所產生之量化模型的程式記憶體用量與準確率。在分析記憶體用量並驗證準確率之後，就可以把 TFLite 模型進一步轉換成 C 位元組陣列了。

本專案的 Colab 筆記本請由此取得（「準備與測試量化後的 *TFLite* 模型」一節）：

- prepare_model.ipynb：

  https://github.com/PacktPublishing/TinyML-Cookbook/blob/main/
  Chapter05/ColabNotebooks/prepare_model.ipynb

◉ 事前準備

模型的記憶體需求與準確率評估是絕對要注意的事情，好避免把模型部署到目標裝置之後發生不愉快的 "驚喜"。例如，TFLite 模型所產生的 C 位元組陣列，一般來說都是儲存在微控制器程式記憶體中的常數物件。不過，這類程式記憶體的容量非常有限，且通常不會超過 1 MB。

再者，記憶體需求並非我們會碰到的唯一問題。量化是一項非常有效的技術，可以有效降低模型大小並大幅改善延遲。然而，我們畢竟採用了精度較低的運算方式，這可能會影響到模型的準確率。為此，評估量化模型的準確率絕對是關鍵，這樣才能確保程式如我們所預期地運作。糟糕的是，TFLite 並未針對測試資料集提供內建的評估函式。因此，我們需要透過 Python TFLite 直譯器讓量化後的 TFLite 模型對測試樣本進行推論，藉此檢查有多少次的正確分類結果。

◉ 實作步驟

先用 OV7670 攝影機模組收集一些測試樣本（圖片）。請根據先前「**建置用**
於室內場景分類的資料集」專案中的相同步驟來操作。但在此只需要針對
各個輸出類別拍攝少量照片（例如 10 張）即可，接著比照訓練資料集相同
的目錄結構來建立一個 `.zip` 壓縮檔（`test_samples.zip`）。

接著，把 `.zip` 壓縮檔上傳到 Colab，並根據以下步驟來評估量化模型的準
確率並檢查模型大小：

1. 解壓縮 `test_samples.zip` 檔：

```
with zipfile.ZipFile("test_samples.zip", 'r') as zip_ref:
  zip_ref.extractall(".")
test_dir = "test_samples"
```

2. 把測試影像大小以雙線性插值法調整為 48x48：

```
test_ds = tf.keras.utils.image_dataset_from_directory(
  test_dir,
  interpolation="bilinear",
  image_size=(48, 48))
```

3. 把像素值數值範圍從原本的 [0, 255] 調整為 [-1, 1]：

```
test_ds = test_ds.map(lambda x, y: (rescale(x), y))
```

4. 使用 TensorFlow Lite 轉換器工具來把 TensorFlow 模型轉換為 TensorFlow
   Lite 格式（**FlatBuffer**）。除了輸出層之外，對整個模型進行 8 位元量
   化運算：

```
repr_ds = test_ds.unbatch()

def representative_data_gen():
  for i_value, o_value in repr_ds.batch(1).take(60):
    yield [i_value]

TF_MODEL = "indoor_scene_recognition"
```

```
converter = tf.lite.TFLiteConverter.from_saved_model(TF_MODEL)
converter.representative_dataset = tf.lite.RepresentativeDataset(representat
ive_data_gen)
converter.optimizations = [tf.lite.Optimize.DEFAULT]
converter.target_spec.supported_ops = [tf.lite.OpsSet.TFLITE_BUILTINS_INT8]
converter.inference_input_type = tf.int8

tfl_model = converter.convert()
```

除了輸出的資料型態之外，其餘轉換方式都與第 3 章的做法相同。
就本範例來說，輸出依然為浮點數格式來避免輸出結果被反量化
（dequantization）。

5. 以位元組為單位來檢視 TFLite 模型大小：

```
print(len(tfl_model), "bytes")
```

所生成的 TFLite 物件 (**tfl_model**) 會被部署到微控制器中，其中包含
了模型架構以及各可訓練層的權重。由於權重為常數，TFLite 模型可
被儲存於微控制器的 程式記憶體，而 **tfl_model** 物件的長度則指明了
其記憶體用量。預期的模型大小為 **62 78 8 0**，大約是整個程式記憶體
的 63%。

6. 初始化 TFLite 直譯器：

```
interpreter = tf.lite.Interpreter(model_content=tfl_model)
interpreter.allocate_tensors()
```

然而相較於 TensorFlow，TFLite 並未提供可評估模型準確率的內建函
式。因此，我們就需要用 Python 來跑一下量化後的 TensorFlow Lite 模
型，這樣才能評估測試資料集的準確率。Python TFLite 直譯器負責載
入與執行 TFLite 模型。

7. 取得輸入的量化參數：

```
i_details = interpreter.get_input_details()[0]
o_details = interpreter.get_output_details()[0]
i_quant = i_details["quantization_parameters"]
i_scale     = i_quant['scales'][0]
i_zero_point = i_quant['zero_points'][0]
```

8. 評估量化後 TFLite 模型的準確率：

```
test_ds0 = test_ds.unbatch()
num_correct_samples = 0
num_total_samples   = len(list(test_ds0.batch(1)))

for i_value, o_value in test_ds0.batch(1):
  i_value = (i_value / i_scale) + i_zero_point
  i_value = tf.cast(i_value, dtype=tf.int8)
  interpreter.set_tensor(i_details["index"], i_value)
  interpreter.invoke()
  o_pred = interpreter.get_tensor(o_details["index"])[0]
  if np.argmax(o_pred) == o_value:
    num_correct_samples += 1
print("Accuracy:", num_correct_samples/num_total_samples)
```

9. 使用 xxd 來把 TFLite 模型轉換為 C 位元組陣列：

```
open("model.tflite", "wb").write(tflite_model)
!apt-get update && apt-get -qq install xxd
!xxd -c 60 -i model.tflite > indoor_scene_recognition.h
```

這個指令會產生一個 C 標頭檔，以一個 unsigned char 陣列來納入這個 TensorFlow Lite 模型。由於 Arduino Web Editor 會切掉超過 20,000 列的 C 檔，在此建議對 xxd 加入 -c 60，代表把一列的欄數從 16（預設值）增加到 60，這樣約可讓檔案放得下 10,500 列。

請由 Colab 左側來下載 indoor_scene_recognition.h 檔。

降低 RAM 的使用量

本章最後一個專案要把應用程式部署到 Arduino Nano，不過還需要一些額外的運算，才能讓這個迷你裝置去辨識不同的室內環境。

本專案將說明如何巧妙運用裁剪、調整大小、調整範圍與量化運算來減少記憶體用量。在準備 TFLite 模型的輸入時就會用到這些運算。

本專案的 Arduino 草稿碼請由此取得：

- `07_indoor_scene_recognition.ino`：
  https://github.com/PacktPublishing/TinyML-Cookbook/blob/main/
  Chapter05/ArduinoSketches/07_indoor_scene_recognition.ino

◉ 事前準備

為了順利執行本專案，我們得先知道應用程式的各部份對於 RAM 用量的影響。

RAM 用量會受到程式執行過程所分配的變數所影響，例如輸入、輸出與 ML 模型的中介張量。不過，記憶體用量也不是單看模型而已。事實上，OV7670 攝影機所擷取的影像需要經過以下運算來處理才能順利輸入模型：

1. 將顏色格式從 YCbCr422 轉換為 RGB888。
2. 裁剪攝影機影格以符合 TFLite 模型的輸入形狀比例。
3. 調整攝影機影格大小以符合 TFLite 模型的預期輸入形狀。
4. 把像素值數值範圍從原本的 [0, 255] 調整為 [-1, 1]。
5. 把原本為浮點數格式的像素值進行量化。

上述各個運算都會從緩衝區讀取某個值再回傳運算結果，如下圖：

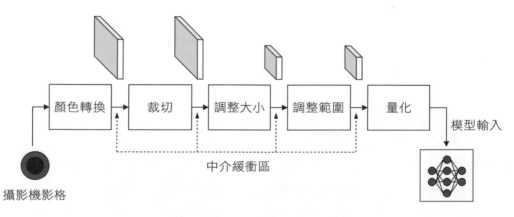

圖 **5-18** 輸入準備流程的管線

因此，記憶體用量當然也會受到攝影機大小，以及從一個運算傳送到下一個運算之間的中介緩衝區所影響。

我們的目標是順利執行上述的處理管線，並且讓中介緩衝區愈小愈好。

為了做到這件事，透過管線來傳送的資料必定是以要被處理之完整輸入的一部分來呈現。應用這項的技術（通常稱為**運算融合 /operator fusion**）之後，扣除輸入、輸出與 **TFLite** 模型的中介張量之後，會占用大量記憶體的東西就剩下攝影機的影格而已了。

在進入本章最後一個專案之前，先深入了解如何做到調整影像大小。

使用雙線性插值法來調整影像大小

這個方法實際上就是用來影像解析度（寬度與高度）的處理函式，如下圖：

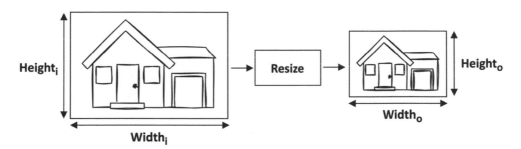

圖 5-19　影像調整大小作業

所產生的影像是來自輸入影像的部分像素。一般來說，會使用以下方程式將對應的輸入像素映射到輸出像素的空間坐標：

$$x_i = x_o \cdot ScaleX \quad ScaleX = \frac{width_i}{width_o}$$

$$y_i = y_o \cdot ScaleY \quad ScaleY = \frac{height_i}{height_o}$$

由以上兩個方程式可知，(x_i, y_i) 為輸入像素的空間坐標，(x_0, y_0) 則是輸出像素的空間坐標，$(width_i, height_i)$ 為輸入影像的寬高，最後 $(width_0, height_0)$ 則是輸出影像的寬高。不難理解，數位影像是由像素構成的網格。不過，在應用上述兩個方程式時，無法確保取得的空間座標值為整數，代表實際的輸入樣本不一定真的存在。這就是為什麼只要調整影像解析度必然會讓影像品質變差的原因之一。不過，已有一些可緩解這個問題的插值技術，例如**最近鄰（nearest-neighbor）**、**雙線性（bilinear）**或**雙三次（bicubic）**等插值法。

本專案採用雙線性插值法來改善調整大小之後的影像品質。如下圖，本方法會以 2x2 網格的形式來採用最接近輸入抽樣點的四個像素：

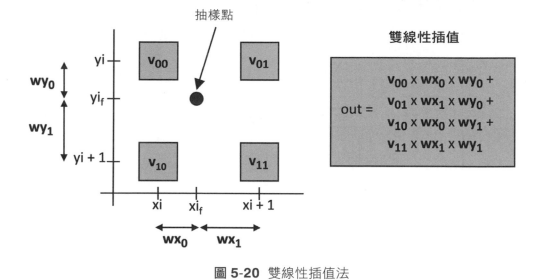

圖 **5-20**　雙線性插值法

插值函式會以輸入抽樣點的四個最近像素的加權平均結果來計算輸出像素，如上圖中的方程式所述。

本專案已經示範了如何將雙線性插值法應用於影像的單一顏色元件。不過，由於插值法可以獨立計算，這個方法當然也可用於不同數量的顏色元件。

◉ 實作步驟

拔除 Arduino Nano 的 USB 傳輸線,並把按鈕從麵包板上移除。之後開啟 Arduino IDE,把「**將 QQVGA 影像由 YCbCr422 轉換為 RGB888**」的草稿碼複製到新的專案中。接著,把 indoor_scene_recognition.h 標頭檔匯入 Arduino IDE 中。

在草稿碼,把 loop() 函式中的內容以及所有與按鈕有關的程式碼都清空。

請根據以下步驟讓你的 Arduino Nano 能夠辨識室內環境:

1. 匯入 indoor_scene_recognition.h 標頭檔:

```
#include "indoor_scene_recognition.h"
```

2. 匯入 TFLu 執行階段相關的標頭檔:

```
#include <TensorFlowLite.h>
#include <tensorflow/lite/micro/all_ops_resolver.h>
#include <tensorflow/lite/micro/micro_error_reporter.h>
#include <tensorflow/lite/micro/micro_interpreter.h>
#include <tensorflow/lite/schema/schema_generated.h>
#include <tensorflow/lite/version.h>
```

這些標頭檔與第 3 章所用的是一樣的。

3. 宣告與 TFLu 初始化 / 執行階段相關的全域變數:

```
const tflite::Model* tflu_model            = nullptr;
tflite::MicroInterpreter* tflu_interpreter = nullptr;
TfLiteTensor* tflu_i_tensor                = nullptr;
TfLiteTensor* tflu_o_tensor                = nullptr;
tflite::MicroErrorReporter tflu_error;
constexpr int tensor_arena_size = 144000;
uint8_t *tensor_arena = nullptr;
float    tflu_scale     = 0.0f;
int32_t tflu_zeropoint = 0;
```

4. 上一段中的變數與第 3 章中所用的相同,唯一差異只在於輸出量化變數(在此用不到)。張量大小設為 **144000** 來符合輸入、輸出以及 **TFLite** 模型的中介張量。

5. 宣告並初始化裁剪後的攝影機影格解析度與輸入形狀等全域變數:

```
int height_i = 120; int width_i = hi;
int height_o = 48; int width_o = 48;
```

由於我們要先裁剪攝影機影格再調整其大小,在此的作法是由原本的攝影機影格左側取一個邊長等於影格高度的正方形,這樣裁剪起來會簡單一點。

6. 宣告並初始化攝影機影格的解析度縮放因子等全域變數:

```
float scale_x = (float)width_i / (float)width_o;
float scale_y = scale_x;
```

7. 自定義函式來運算單一顏色元件像素的雙線性插值結果:

```
uint8_t bilinear_inter(uint8_t v00, uint8_t v01,
                       uint8_t v10, uint8_t v11,
                       float xi_f, float yi_f,
                       int xi, int yi) {
    const float wx1  = (xi_f - xi);
    const float wx0  = (1.f - wx1);
    const float wy1 = (yi_f - yi);
    const float wy0 = (1.f - wy1);
    return clamp_0_255((v00 * wx0 * wy0) +
                       (v01 * wx1 * wy0) +
                       (v10 * wx0 * wy1) +
                       (v11 * wx1 * wy1));
}
```

以上函式會計算以距離為基礎的權重,即使用本專案「**事前準備**」中所說的雙線性插值法。

8. 定義一個函式來把像素值範圍從 **[0,255]** 調整為 **[-1,1]**:

```
float rescaling(float x, float scale, float offset) {
  return (x * scale) - offset;
}
```

接著，定義一個將輸入影像進行量化的函式：

```
int8_t quantize(float x, float scale, float zero_point) {
  return (x / scale) + zero_point;
}
```

Tips

由於調整大小與量化都是依序執行，你可能會想要把它們包成一個函式，好讓實作能從執行算術指令的觀點來看更有效率。

9. 在 setup() 函式中，對 tensor arena 隨機配置記憶體：

```
tensor_arena = (uint8_t *)malloc(tensor_arena_size);
```

操作 tensor arena 時會用到 malloc() 函式，藉此把記憶體放入 **堆積**（**heap**）中。堆積是與動態記憶體有關的一段 RAM 區段，且只能透過 free() 函式來釋放。堆積與堆疊（**stack**）記憶體正好相反，後者的 **資料生命週期**（**lifetime**）會受限於其 **範圍**（**scope**）。堆積與堆疊記憶體大小都是在 **開機**（**startup**）程式碼定義，每次系統重置時都會被微控制器執行一次。由於堆疊一般來說都會比堆積小很多，因此把 TFLu 工作空間分配在堆積中是比較好的做法，因為 tensor arena 會占用 RAM 的很大一部分（144 KB）。

10. 載入 indoor_scene_recognition 模型、初始化 TFLu 直譯器並分配張量：

```
tflu_model = tflite::GetModel(
  indoor_scene_recognition);
tflite::AllOpsResolver tflu_ops_resolver;

tflu_interpreter = new tflite::MicroInterpreter(tflu_model, tflu_ops_
resolver, tensor_arena, tensor_arena_size, &tflu_error);

tflu_interpreter->AllocateTensors();
```

接著，定義一個量化輸入影像的函式：

```
tflu_i_tensor = tflu_interpreter->input(0);
tflu_o_tensor = tflu_interpreter->output(0);
```

最後，取得輸入量化參數：

```
const auto* i_quantization =
  reinterpret_cast<TfLiteAffineQuantization*>(
  tflu_i_tensor->quantization.params);
tflu_scale     = i_quantization->scale->data[0];
tflu_zeropoint = i_quantization->zero_point->data[0];
}
```

11. 在 `loop()` 函式中，處理 MobileNet v2 輸入形狀的所有空間坐標。接著，針對每個輸出坐標計算出對應的抽樣點位置。最後，無條件捨去來取得最接近抽樣點坐標的整數值。

```
for (int yo = 0; yo < height_o; yo++) {
  float yi_f = (yo * scale_y);
  int yi = (int)std::floor(yi_f);
  for(int xo = 0; xo < width_o; xo++) {
    float xi_f = (xo * scale_x);
    int xi = (int)std::floor(xi_f);
```

由上述程式碼可知，我們已處理完 MobileNet v2 輸入形狀（48x48）的所有空間坐標。對每個 xo 與 yo 來說，都會在攝影機影格中算出調整大小運算所需的抽樣位置（xi_f 與 yi_f）。由於我們採用雙線性插值法來調整影像大小，在此對 xi_f 與 yi_f 無條件捨去其小數部分來取得最接近的整數值，這樣就能在 2x2 的抽樣區中取得左上角像素的空間坐標。

取得輸入坐標之後，計算攝影機緩衝區偏置量來讀取雙線性插值法所需的 4 個 YCbCr422 像素：

```
    int x0 = xi;
    int y0 = yi;
    int x1 = std::min(xi + 1, width_i - 1);
```

```
int y1 = std::min(yi + 1, height_i - 1);
int stride_in_y = Camera.width() * bytes_per_pixel;
int ix_y00 = x0 * sizeof(int16_t) + y0 * stride_in_y;
int ix_y01 = x1 * sizeof(int16_t) + y0 * stride_in_y;
int ix_y10 = x0 * sizeof(int16_t) + y1 * stride_in_y;
int ix_y11 = x1 * sizeof(int16_t) + y1 * stride_in_y;
```

12. 讀取這四個像素的 Y 成分：

```
int Y00 = data[ix_y00];
int Y01 = data[ix_y01];
int Y10 = data[ix_y10];
int Y11 = data[ix_y11];
```

接著，讀取紅色色差成分（**Cr**）：

```
int offset_cr00 = xi % 2 == 0? 1 : -1;
int offset_cr01 = (xi + 1) % 2 == 0? 1 : -1;
int Cr00 = data[ix_y00 + offset_cr00];
int Cr01 = data[ix_y01 + offset_cr01];
int Cr10 = data[ix_y10 + offset_cr00];
int Cr11 = data[ix_y11 + offset_cr01];
```

再讀取藍色色差成分（**Cb**）：

```
int offset_cb00 = offset_cr00 + 2;
int offset_cb01 = offset_cr01 + 2;
int Cb00 = data[ix_y00 + offset_cb00];
int Cb01 = data[ix_y01 + offset_cb01];
int Cb10 = data[ix_y10 + offset_cb00];
int Cb11 = data[ix_y11 + offset_cb01];
```

13. 把 YCbCr422 像素轉換為 RGB888：

```
uint8_t rgb00[3], rgb01[3], rgb10[3], rgb11[3];
ycbcr422_rgb888(Y00, Cb00, Cr00, rgb00);
ycbcr422_rgb888(Y01, Cb01, Cr01, rgb01);
ycbcr422_rgb888(Y10, Cb10, Cr10, rgb10);
ycbcr422_rgb888(Y11, Cb11, Cr11, rgb11);
```

14. 處理 RGB 像素的各個顏色通道：

```
uint8_t c_i; float c_f; int8_t c_q;
for(int i = 0; i < 3; i++) {
```

每個顏色元件都要進行雙線性插值法：

```
c_i = bilinear(rgb00[i], rgb01[i],
               rgb10[i], rgb11[i],
               xi_f, yi_f, xi, yi);
```

接著，調整資料範圍並量化顏色元件：

```
c_f = rescale((float)c, 1.f/255.f, -1.f);
c_q = quantize(c_f, tflu_scale, tflu_zeropoint);
```

最後，把量化後的顏色元件儲存到 TFLite 模型的輸入張量中，並關閉用於處理 MobileNet v2 輸入形狀之空間坐標的 for 迴圈：

```
    tflu_i_tensor->data.int8[idx++] = c_q;
    }
  }
}
```

15. 執行模型推論，並藉由序列通訊回傳分類結果：

```
TfLiteStatus invoke_status = tflu_interpreter->Invoke();
  size_t ix_max = 0;
  float  pb_max = 0;
  for (size_t ix = 0; ix < 3; ix++) {
    if(tflu_o_tensor->data.f[ix] > pb_max) {
      ix_max = ix;
      pb_max = tflu_o_tensor->data.f[ix];
    }
  }
  const char *label[] = {"bathroom", "kitchen", "unknown"};
  Serial.println(label[ix_max]);
```

編譯並把草稿碼上傳到 Arduino Nano。你的小程式現在應該可以辨識出不同的房間，並把分類結果顯示於序列監視器中了！

製作 YouTube Playback 的手勢互動介面

手勢辨識是一項可以解析人類手勢的科技，讓我們不需要透過按鈕或顯示器就能與裝置互動。這項科技現在已普遍用於各種消費性電子裝置（例如智慧型手機與遊樂器），其中包含了兩個主要的項目：感測器與軟體演算法。

本章將示範如何使用**加速度計**量測結果結合**機器學習（machine learning, ML）**技術，讓 Raspberry Pi Pico 可以辨識三種不同的手勢，這些可被辨識的手勢會接續用於在你的電腦上播放 / 暫停、靜音 / 取消靜音，以及切換 YouTube 影片。

首先從收集加速度計資料來建置手勢辨識資料集開始。本節會說明如何介接 **I2C 通訊協定**並使用 **Edge Impulse data forwarder** 工具。接著會說明如何設計一個 Impulse，也就是製作一個可以辨識手勢，並且是基於頻譜特徵的全連接神經網路。最後，這個模型會被部署到 Raspberry Pi Pico 上，並使用 **PyAutoGUI** 實作一個 Python 小程式來完成一個用於 YouTube 影片回放的無接觸介面。

本章的目標是使用 Edge Impulse 與 Raspberry Pi Pico 來開發一個端對端的手勢辨識應用程式，你可從中學會如何操作 I2C 周邊、熟悉慣性感測器、使用 **Arm Mbed OS** 編寫多執行緒程式，以及如何在模型推論過程中過濾掉冗餘的分類結果。

本章主題如下：

- 透過 I2C 介面與 MPU-6050 IMU 溝通

- 取得加速度計資料

- 使用 Edge Impulse data forwarder 工具來建立資料集

- 設計與訓練 ML 模型

- 使用 Edge Impulse data forwarder 工具進行即時分類

- 使用 Raspberry Pi Pico 搭配 Arm Mbed OS 進行手勢辨識

- 使用 PyAutoGUI 製作無接觸介面

技術需求

本章所有實作範例所需項目如下：

- Raspberry Pi Pico，一片

- micro-USB 傳輸線，1 條

- ½ 尺寸免焊麵包板，1 片

- MPU-6050 IMU，1 個

- 跳線，4 條

- 安裝 Ubuntu 18.04+ 或 Windows 10 的 x86-64 筆記型電腦或 PC

本章程式原始碼與相關材料請由本書 Github 的 `Chapter06` 資料夾取得：

`https://github.com/PacktPublishing/TinyML-Cookbook/tree/main/Chapter06`

透過 I2C 介面與 MPU-6050 IMU 溝通

不論是哪一種 ML 專案的核心都聚焦在資料集，因為它與模型效能息息相關。不過，要在 TinyML 應用中記錄感測器資料是件相當有難度的事情，因為需要與硬體進行低階介接。

本專案將使用 **MPU-6050 Inertial Measurement Unit（IMU）** 來說明常見感測器通訊協定背後的重要基礎：**內部整合電路（Inter- Integrated Circuit, I2C）**。本專案完成之後，即可得到一個能夠讀取 MPU-6050 位址的 Arduino 草稿碼。

本專案的 Arduino 草稿碼請由此取得：

- `01_i2c_imu_addr.ino`：
  `https://github.com/PacktPublishing/TinyML-Cookbook/blob/main/`
  `Chapter06/ArduinoSketeches/01_i2c_imu_addr.ino`

◉ 事前準備

為了順利完成本專案，我們得先知道什麼是 IMU 感測器，以及如何透過 I2C 通訊協定來取得其量測結果。

IMU 感測器是一種可以量測加速度、角速率的裝置，並且在某些狀況下還可藉由整合其他感測器來量測本體方位。這個小裝置在各種產業的諸多技術中都位居核心，包括汽車、航太與消費性電子，用於提供位置與方位的估計值。例如，IMU 讓智慧型手機的畫面可以**自動旋轉**，還能以整合**擴增實境 / 虛擬實境（augmented reality/virtual reality, AR/VR）** 等用途。

接著要深入說明 MPU-6050 IMU。

認識 MPU-6050 IMU

MPU-6050[1] 是一款結合了三軸加速度計與三軸陀螺儀感測器的 IMU，可量測本體的加速度與角速度變化。這個裝置已經問世很多年了，也因為便宜又好用，一直都是各種會用到動作感測器的 DIY 電子專案的熱門選項。

MPU-6050 IMU 在很多地方都可以買得到，例如 Adafruit、Amazon、Pimoroni 與 PiHut，不過各家提供的形式也不盡相同。本專案採用 *Adafruit* 的小型分接板版本 [2]，可由 3.3V 供電以及不需要額外的電子元件即可運作。

> **Important Note**
>
> 糟糕，這款 IMU 模組的排針需要自行焊接。如果你不太會焊接的話，可參考以下教學：
>
> https://learn.adafruit.com/adafruit-agc-electret-microphone-amplifier-max9814/assembly

MPU-6050 IMU 可透過 I2C 序列通訊協定來與微控制器溝通。下一節將說明關於 I2C 的重要特點。

透過 I2C 介面來溝通

I2C 這項通訊協定會用到兩條傳輸線，也就是**時脈訊號（clock signal, SCL）**與**資料訊號（data signal, SDA）**。

這項通訊協定允許**主要裝置（primary device**，如微控制器）與多個**次要裝置（secondary device**，如感測器）彼此溝通。各個次要裝置可透過永久性的 7 位元位址來識別。

1　https://invensense.tdk.com/products/motion-tracking/6-axis/mpu-6050/

2　https://learn.adafruit.com/mpu6050-6-dof-accelerometer-and-gyro

Important Note

I2C 通訊協定也常用主 / 從（master, slave）二詞，而非上述的主要與次要裝置。本書決定重新命名這些名詞，讓敘述的涵蓋面更廣，並移除與奴役、僕從（slavery）等不必要的聯想。

下圖是主要裝置與次要裝置的連接方式：

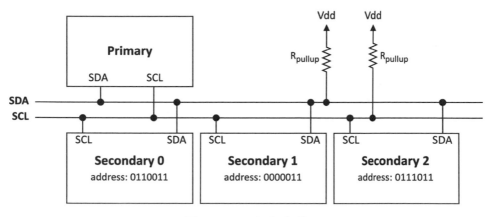

圖 6-1　I2C 通訊架構

如上圖可知，不論次要裝置有多少個，都只有兩種訊號（SCL 與 SDA）。SCL 只會由主要裝置發出，而所有 I2C 裝置都可運用這個訊號來對資料訊號線上的位元進行抽樣。主要與次要裝置都可以透過 SDA 匯流排來傳送資料。

在上圖中之所以會看到上拉電阻（**Rpullup**），是因為 I2C 裝置只能把訊號拉到 *LOW*（邏輯準位 *0*）。以本專案來說，由於 MPU-6050 分接板已經整合了上拉電阻，所以不需要再外接。

從通訊協定的觀點來看，主要裝置都是以傳送以下內容來發起通訊：

1. SDA 上發送一個位於 *LOW*（邏輯準位 *0*）的位元。

2. 目標次要裝置的 7 位元位址。

3.　一個用於指定讀或寫（**R/W 旗標**）的位元。邏輯準位 *0* 代表主要裝置會透過 SDA（**寫入模式**）來發送資料。反之，邏輯準位 *1* 則代表主要裝置會透過 SDA（**讀取模式**）來讀取由次要裝置傳過來的資料。

下圖是一個位元指令序列範例，對應到圖 6-1 的主要裝置對 secondary 0 這個次要裝置發起通訊：

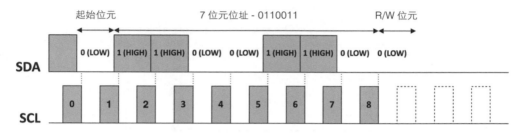

圖 **6-2**　由主要裝置所送出的位元指令序列

對應到這個 7 位元位址的次要裝置會接著在 SDA 匯流排上回應 1 個位於 邏輯準位 *0*（**ACK**）的位元。

如果那個次要裝置回應了 ACK，主要裝置就會根據所設定的 R/W 旗標來傳送或讀取一段 8 位元的資料。

以本專案來說，微控制器是**主要裝置**，並使用 R/W 旗標來執行以下內容：

- **讀取感測器資料**：微控制器會請求自己想要讀取的內容 (**寫入模式**)，接著才由 MPU-6050 IMU 來傳送資料 (**讀取模式**)。

- **透過程式來控制 IMU 的內部功能**：微控制器只能透過**寫入模式**來設定 MPU-6050 的運作模式（如感測器的抽樣頻率）。

到此，你心中應該浮現了一個問題：**我們到底要透過主要裝置來讀寫哪些東西？**

主要裝置會去讀寫次要裝置上的特定暫存器。因此，次要裝置扮演了類似記憶體的角色，其中每個暫存器都有自己專屬的 8 位元記憶體位址。

◉ 實作步驟

首先，拿出一個 30 列 10 排的麵包板，再把 Raspberry Pi Pico 沿著左右的供電軌垂直裝上麵包板。在此的安裝方式與第 2 章相同。

接著，把加速度感測器模組裝在麵包板底端。請確保麵包板中間的凹槽與感測器兩側的排針是對稱的，如下圖：

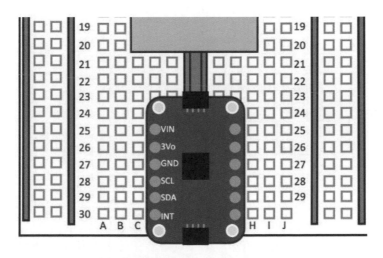

圖 **6-3** MPU-6050 安裝於麵包板下緣

如上圖，I2C 相關腳位是位於 MPU-6050 模組的左側。

以下步驟說明如何把加速度計模組接上 Raspberry Pi Pico，並寫一個簡單的草稿碼來讀取 MPU-6050 裝置的 ID（位址）：

1. 參考下表，用 4 條跳線把 MPU-6050 IMU 接上 Raspberry Pi Pico：

MPU-6050	VIN	GND	SCL	SDA
Raspberry Pi Pico	3V3	GND	GP7 (SCL1)	GP6 (SDA1)

圖 **6-4** MPU-6050 IMU 與 Raspberry Pi Pico 的腳位對應關係

下圖應有助於你更了解怎麼接線：

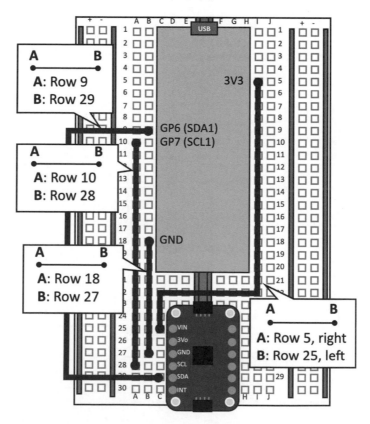

圖 **6-5** MPU-6050 IMU 與 Raspberry Pi Pico 連線完成

如「**事前準備**」所述，我們不需要在 SDA 和 SCL 上使用上拉電阻，因為它們已經被整合到 IMU 的分接板上頭了。

2. 在 Arduino IDE 中新增一份草稿碼，在其中使用 **SDA** 與 **SCL** 腳位編號來宣告並初始化 mbed::I2C 物件：

```
#define I2C_SDA p6
#define I2C_SCL p7
I2C i2c(I2C_SDA, I2C_SCL);
```

初始化 I2C 周邊只需要指定 **SDA**（**p6**）與 **SCL**（**p7**） 匯流排所用到的腳位編號。

3. 使用巨集來代表 MPU-6050 IMU 的 7 位元位址（**0x68**）：

```
#define MPU6050_ADDR_7BIT 0x68
```

接著，使用 C 巨集來保存 **mbed::I2C** 的 8 位元位址。這個 8 位元位址只要把以上的 7 位元位址左移一個位元即可取得：

```
#define MPU6050_ADDR_8BIT (0x68 << 1) //0xD1
```

4. 實作一個可從 MPU-6050 暫存器讀取資料的函式：

```
void read_reg(int addr_i2c, int addr_reg, char *buf, int length) {
  char data = addr_reg;
  i2c.write(addr_i2c, &data, 1);
  i2c.read(addr_i2c, buf, length);
  return;
}
```

由 I2C 通訊協定可知，我們需要先傳送 MPU-6050 IMU 的位址，接著再傳送要讀取的暫存器位址。因此會用到 mbed::I2C 類別的 write() 方法並搭配三個輸入引數，說明如下：

- addr_i2c：次要裝置的 8 位元位址

- char data = addr_reg：存放暫存器位址的 char 陣列

- 要傳送的位元組數（在此為 1，因為我們只要發送暫存位址）

發送對暫存器的資料讀取請求之後，就可運用 mbed::I2C 類別的 read() 方法來取得 MPU-6050 所回傳的資料，需要以下輸入引數：

- 次要裝置的 8 位元位址（addr_i2c）

- 用於儲存所接收資料（buf）的 char 陣列

- 陣列大小（length）

讀取完畢之後，函式就會回傳結果。

5. 在 setup() 函式中，將 I2C 頻率初始化為 MPU-6050 可支援的最大值（400 KHz）：

```
void setup() {
  i2c.frequency(400000);
```

6. 一樣在 setup() 函式中，使用 read_reg() 來讀取 MPU-6050 IMU 的 WHO_AM_I 暫存器（0x75）。如果 WHO_AM_I 暫存器包含了 7 位元的裝置位址（0x68）的話，就透過序列埠傳送 MPU-6050 found 這段訊息。

```
#define MPU6050_WHO_AM_I 0x75
Serial.begin(115600);
while(!Serial);
char id;
read_reg(MPU6050_ADDR_8BIT, MPU6050_WHO_AM_I, &id, 1);
if(id == MPU6050_ADDR_7BIT) {
  Serial.println("MPU-6050 found");
} else {
  Serial.println("MPU-6050 not found");
  while(1);
}
}
```

編譯草稿碼並上傳到 Raspberry Pi Pico，完成後請由 **Editor** 選單開啟 **Serial Monitor**。如果 Raspberry Pi Pico 可順利與 MPU-6050 溝通的話，就會透過序列埠來傳送 **MPU-6050 found** 這段訊息。

取得加速度計資料

加速度計是整合在 IMU 中的最常見感測器之一。

本專案可透過 50Hz 的頻率從 MPU-6050 IMU 讀取加速度計量測值。這些量測值隨後會透過序列埠來傳送，並在後續專案中透過 Edge Impulse 的 data forwarder 工具來讀取它們。

本專案的 Arduino 草稿碼請由此取得：

- `02_i2c_imu_read_acc.ino0`：
  https://github.com/PacktPublishing/TinyML-Cookbook/blob/main/Chapter06/ArduinoSketeches/02_i2c_imu_read_acc.ino

◉ 事前準備

加速度計是一款可於單一、二或三個空間軸向上量測加速度變化的感測器，分別以 X、Y 與 Z 表示。

從本專案開始到後續的專案，我們會採用整合了 MPU-6050 IMU 的**三軸加速度計**來量測三個正交空間方向上的加速度變化。

不過，加速度計究竟是如何運作？我們又要如何取得感測器的量測結果呢？

首先要說明這個感測器的運作原理。請看到以下系統，是一個掛在彈簧上的重塊（或稱**質量**）：

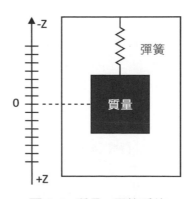

圖 6-6 質量 - 彈簧系統

上圖說明了加速度計在單一空間軸向（也就是**一軸加速度計**）上運作的物理原理。

如果把加速度計放在桌上，會發生什麼事呢？

這樣的話，由於重力一直都存在，我們會看到重塊被下拉了。因此，Z 軸上的彈簧下緣會與靜止位置之間產生一個位移，如下圖：

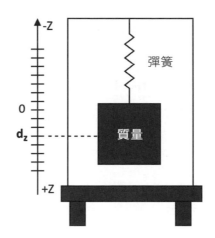

圖 6-7 受到重力影響的質量 - 彈簧系統

回想一下物理課，其中的**虎克定律**談到了**彈力（spring force 或稱恢復力 / restoring force）**：

$$F = k \cdot d_z$$

在此，F 為力，k 為彈性常數，而 d_z 則是位移。

回顧**牛頓第二運動定理**，可知施加於某質量上的力會遵循以下公式：

$$F = m \cdot a$$

在此，F 為施力，m 為質量，a 則是加速度。

根據 $F = m \cdot a = k \cdot d_z$，可推得彈簧位移 d_z 會與加速度成比例關係。

因此，當單軸加速度計被放在桌面上時，它會回傳 ~9.81 m/s^2，代表物體受到重力牽引而掉落時的加速度。9.81 m/ s^2 加速度通常會以 g 符號來表示 (9.81 m/ s^2 = 1 g)。

不難想像，彈簧會隨著我們移動加速度計（即便輕輕移動也會！）而上下移動。因此，彈簧位移就是一個可被感測器讀取來量測加速度的物理量。

可運作於二軸或三軸空間的加速度計一樣可由質量 - 彈簧系統來建模。例如，三軸加速度計就可由三個質量 - 彈簧系統來建模，每個都會回傳不同軸向的加速度。

當然，我們在說明裝置功能上多少簡化了些。不過，核心機制還是基於質量 - 彈簧系統，只是透過了**微機電系統（micro-electromechanical system, MEMS**）處理技術將其設計在矽晶片上。

多數加速度計的量測範圍（或稱為尺度）都可透過程式來設定，範圍從 ±1 g（±9.81 m/s^2）到 ±250 g（±2,452.5 m/s^2）都有。這個範圍一樣也與**敏感度**成比例，通常會以**最低有效位元（least-significant bit）之於 g，LSB/g** 來表示，定義為造成數值改變的最小加速度。因此，敏感度愈高，可偵測到的加速度最小值就愈低。

在 MPU-6050 IMU 中，我們可透過 `ACCEL_CONFIG` 暫存器（`0x1C`）來設定量測範圍。各值所對應的敏感度如下表：

量測範圍（**g**）	±2g	±4g	±8g	±16g
敏感度（**LSB/g**）	16384	8192	4096	2048
ACCEL_CONFIG 暫存器值	0x00	0x01	0x02	0x03

圖 6-8 MPU-6050 的量測範圍與敏感度

由上表可知，量測範圍愈小，敏感度就愈高。一般來說，**±2 g** 的範圍已可順利偵測手部動作所產生的加速度變化。

MPU-6050 IMU 回傳的量測結果為 16 位元整數，並且會被儲存在兩個 8 位元暫存器中。這兩個暫存器的名稱會在最後加入 _H 與 _L 來代表 16 位元變數的高位元組與低位元組。下圖為各暫存器的名稱與位址：

位置	暫存器
3B	ACCEL_XOUT_H
3C	ACCEL_XOUT_L
3D	ACCEL_YOUT_H
3E	ACCEL_YOUT_L
3F	ACCEL_ZOUT_H
40	ACCEL_ZOUT_L

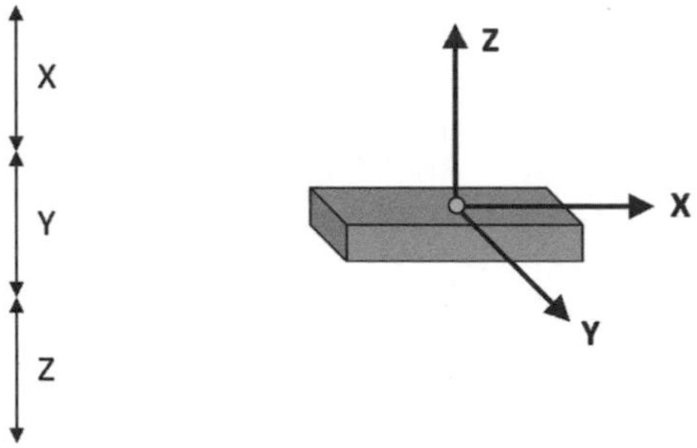

圖 **6-9** MPU-6050 IMU 中用於量測加速度的各暫存器

如上圖可知，暫存器是從 `0x3B` 位址的 `ACCEL_XOUT_H` 開始的連續記憶體位址。如果想要讀取所有加速度計量測值而不想發送每個暫存器位址的話，只需要從 `ACCEL_XOUT_H` 開始讀取 6 個位元組即可。

◉ 實作步驟

在此會用到上一個專案的 Arduino 草稿碼。以下步驟會說明如何修改程式來從 MPU-6050 IMU 讀取加速度計資料，並把這些量測結果透過序列埠傳送出去：

1. 實作一個可對 MPU-6050 暫存器寫入 1 個位元組的公用函式：

```
void write_reg(int addr_i2c, int addr_reg, char v) {
  char data[2] = {addr_reg, v};
  i2c.write(addr_i2c, data, 2);
  return;
}
```

如以上程式碼，使用了 `mbed::I2C` 類別的 `write()` 方法來傳送以下內容：

    i.   MPU-6050 位址

   ii.   要存取的暫存器位址

  iii.   要儲存於暫存器的位元組

`write_reg()` 函式是用來初始化 MPU-6050 裝置。

實作一個可由 MPU-6050 讀取加速度計資料的公用函式：

2. 為此需要建立一個名為 `read_accelerometer()` 的函式來接收三個輸入的浮點數陣列：

```
void read_accelerometer(float *x, float *y, float *z) {
```

`x`、`y` 與 `z` 等三個陣列中包含三個正交空間方向上的加速度抽樣結果。

3. `read_accelerometer()` 函式會從 MPU-6050 IMU 讀取加速度計量測值：

```
char data[6];
#define MPU6050_ACCEL_XOUT_H 0x3B
read_reg(MPU6050_ADDR_8BIT, MPU6050_ACCEL_XOUT_H, data, 6);
```

接著，組合各量測值的低位元組與高位元組來取得以 16 位元格式來表示的資料：

```
int16_t ax_i16 = (int16_t)(data[0] << 8 | data[1]);
int16_t ay_i16 = (int16_t)(data[2] << 8 | data[3]);
int16_t az_i16 = (int16_t)(data[4] << 8 | data[5]);
```

取得這些 16 位元數值之後，將它們除以對應到指定量測範圍的敏感度，再乘以 g 值（$9.81\ \text{m/s}^2$）。接著把加速度分別儲存於 `x`、`y` 與 `z` 陣列中：

```
const float sensitivity = 16384.f;
const float k = (1.f / sensitivity) * 9.81f;
*x = (float)ax_i16 * k;
*y = (float)ay_i16 * k;
*z = (float)az_i16 * k;
return;
}
```

以上程式碼負責把原始資料轉換為單位為 m/s^2 的數值。敏感度之所以為 **16384** 是因為 MPU-6050 IMU 是以 **±2 g** 範圍來運作。

4. setup() 函式中，會檢查 MPU-6050 IMU 是否已進入休眠模式：

```
#define MPU6050_PWR_MGMT_1 0x6B
#define MPU6050_ACCEL_CONFIG 0x1C
if (id == MPU6050_ADDR_7BIT) {
  Serial.println("MPU6050 found");
  write_reg(MPU6050_ADDR_8BIT, MPU6050_PWR_MGMT_1, 0);
```

當 IMU 處於休眠模式的話，感測器就不會回傳任何量測值。為了確保 MPU-6050 IMU 沒有進入這個運作模式，需要清除 `PWR_MGMT_1` 暫存器的第 6 個位元，只要直接把 `PWR_MGMT_1` 暫存器整個清除就好。

5. 一樣在 setup() 函式中，把 MPU-6050 IMU 的加速度計量測範圍設為 **±2 g**：

```
  write_reg(MPU6050_ADDR_8BIT, MPU6050_ACCEL_CONFIG, 0);
}
```

6. 在 loop() 函式中，使用頻率 **50 Hz**（每秒取得 50 筆三軸加速度計的樣本）來抽樣加速度計量測值，接著透過序列埠傳送出去。資料發送方式是把每筆加速度計讀數，也就是三軸量測值（ax、ay 與 az）以逗號區隔之後一次發送出去：

```
#define FREQUENCY_HZ  50
#define INTERVAL_MS   (1000 / (FREQUENCY_HZ + 1))
#define INTERVAL_US   INTERVAL_MS * 1000
void loop() {
  mbed::Timer timer;
  timer.start();
  float ax, ay, az;
  read_accelerometer(&ax, &ay, &az);
  Serial.print(ax);
  Serial.print(",");
  Serial.print(ay);
  Serial.print(",");
  Serial.println(az);
```

```
    timer.stop();
    using std::chrono::duration_cast;
    using std::chrono::microseconds;
    auto t0 = timer.elapsed_time();
    auto t_diff = duration_cast<microseconds>(t0);
    uint64_t t_wait_us = INTERVAL_US - t_diff.count();
    int32_t t_wait_ms = (t_wait_us / 1000);
    int32_t t_wait_leftover_us = (t_wait_us % 1000);
    delay(t_wait_ms);
    delayMicroseconds(t_wait_leftover_us);
}
```

上述程式碼執行內容如下：

i.　　在讀取加速度計量測值之前，要先啟動 mbed::Timer 才能得到抽樣所需的時間資訊。

ii.　　使用 read_accelerometer() 函式來讀取加速度變化。

iii.　　停止 mbed::Timer 並取得經過的時間長度，單位為微秒（μs）。

iv.　　計算在取得下一筆加速度計讀數之前，程式需要等候多久時間。這個步驟會確保抽樣速率為 50 Hz。

v.　　程式暫停。

在此使用 delay() 函式搭配 delayMicroseconds() 函式來暫停程式的原因如下：

- 單獨使用 delay() 不夠準確，因為這個計時器的輸入引數單位只有毫秒。

- delayMicroseconds() 運作需要 *16383 μs*，對我們所要的 50 Hz（*2,000 μs*）抽樣頻率來說是不夠的。

因此，藉由把 t_wait_us 除以 1000，我們確定了要等候多久時間（毫秒）。接著，算出 t_wait_us / 1000 的餘數 (t_wait_us % 1000)，就是要等候的時間毫秒數。

這個透過序列埠來傳送加速度計資料的格式（一列一筆讀數，也就是用逗號區隔的三軸量測值），對於完成後續專案來說是必要的。

編譯草稿碼並上傳到 Raspberry Pi Pico。接著，開啟序列埠監控視窗來檢查微控制器是否順利看到了加速度計量測值。如果有的話，請把麵包板平放在桌面上。受到重力影響，Z 軸的預期加速度（每一列的第三個數字）應該約略等於重力所產生的加速度（9.81 m/s^2），而其他軸向上的加速度則近乎 0，如下圖：

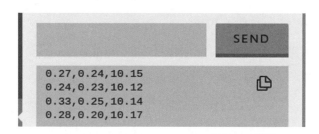

圖 6-10 顯示於 Arduino 序列埠監控視窗的加速度值

如上圖，加速度會受到偏移與雜訊的影響。不過，我們不用擔心這些量測值的準確程度，因為深度學習模型已足以從中辨識手勢了。

使用 Edge Impulse data forwarder 來建立資料集

所有的 ML 演算法都需要資料集，對我們來說就是從加速度計所取得的資料樣本。

記錄加速度計資料其實沒有想像地這麼難，透過 Edge Impulse 很容易就能做到。

本專案會用到 Edge Impulse 的 data forwarder 工具，在我們拿著麵包板進行以下三種動作時來取得加速度計量測值：

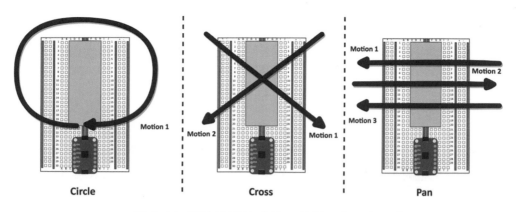

圖 **6-11** 要被辨識的手勢－繞圈、交叉與平移

如上圖，請確保麵包板與地面垂直，也就是 Raspberry Pi Pico 面向我們，接著做出箭頭方向所指示的動作。

◉ 事前準備

用於手勢辨識的資料集，其中每個輸出類別至少要有 50 筆樣本才能算是合格。本專案想要辨識的三種手勢如下：

- 繞圈（*Circle*）：順時鐘方向讓板子繞圈。
- 交叉（*Cross*）：讓板子從左上移動到右下，再從右上移動到左下。
- 平移（*Pan*）：左右來回水平移動板子。

執行每個手勢時，麵包板都應該是垂直的，代表 Raspberry Pi Pico 是面向我們操作者。由於我們希望訓練樣本的時間長度為 2.5 秒，建議差不多 2 秒的時候就要完成動作了。雖然共有三個要辨識的輸出類別，但還需要額外的一個類別來處理未知動作以及沒有手勢等狀況（例如麵包板平放於桌面）。

本專案將使用 Edge Impulse 的 data forwarder 工具來建立資料集。這款工具可由支援序列傳輸資料的任何裝置來快速取得加速度變化，並直接把樣本匯入 Edge Impulse。

data forwarder 會在你的電腦端執行，所以請先安裝好 **Edge Impulse CLI**。如果尚未安裝 Edge Impulse CLI，請根據其原廠文件來操作：https:// docs.edgeimpulse.com/docs/cli-installation

◉ 實作步驟

編譯上一個專案的草稿碼並上傳到 Raspberry Pi Pico。請確認已關閉 Arduino 序列埠監控視窗；電腦上的序列周邊一次只能與一個應用程式來通訊。

接著，開啟 Edge Impulse 網站並建立一個新的專案。Edge Impulse 會要求你輸入專案名稱，本專案的名稱為 gesture_recognition。

現在，請根據以下步驟來使用 data forwarder 工具來建立資料集：

1. 使用以下指令來執行 edge-impulse-data-forwarder，頻率為 50 Hz，鮑率為 115600：

```
$ edge-impulse-data-forwarder -- frequency 50 --baud-rate 115600
```

data forwarder 會要求你輸入 Edge Impulse 帳號密碼、所要操作的專案，並為你的 Raspberry Pi Pico 取一個名字（如 **pico**）。

工具設定完成之後，程式就會開始解析從序列埠傳送過來的資料。data forwarder 通訊協定預期一次接受一筆三軸加速度感測器讀數，可用逗號或 tab 來分隔，如下圖：

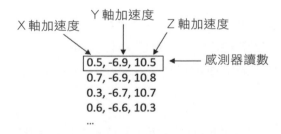

圖 6-12 data forwarder 通訊協定

由於本專案的草稿碼已根據上述通訊協定編譯完成，data forwarder 會偵測從序列埠傳過來的三軸加速度量測值，並要求你為它們命名，例如本專案的 *ax*、*ay* 與 *az*。

2. 開啟 Edge Impulse，由左側選單點選 **Data acquisition** 標籤。

請參考下圖的 **Record new data** 區域設定，每個手勢都記錄 50 筆樣本（繞圈、交叉與平移）：

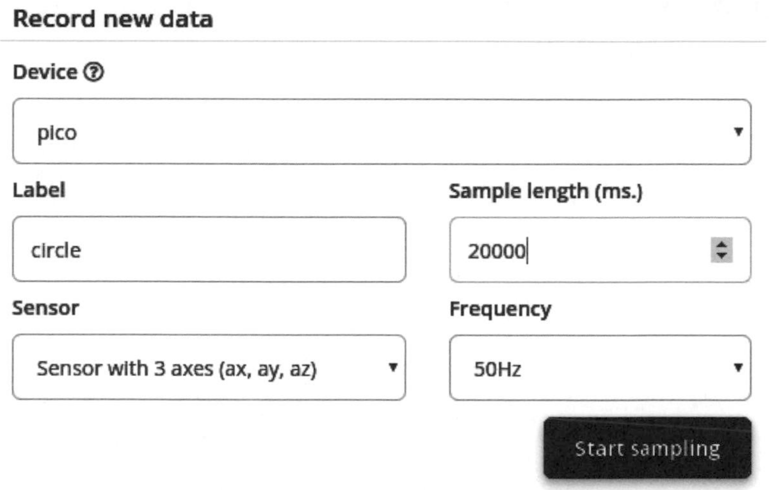

Record new data

Device ⑦

```
pico                                                    ▼
```

Label   Sample length (ms.)

```
circle                         20000              ▲▼
```

Sensor   Frequency

```
Sensor with 3 axes (ax, ay, az) ▼    50Hz         ▼
```

Start sampling

圖 **6-13** Edge Impulse 的 Record new data 視窗

Device 與 **Frequency** 欄位應該會自動帶出已連上 data forwarder 的裝置名稱（**pico**）與抽樣頻率（**50Hz**）。

操作每個手勢時，請在 **Label** 欄位輸入標籤名稱（例如 **circle** 對應於繞圈手勢），並在 **Sample length(ms.)** 欄位輸入記錄的時間長度。

雖然每筆樣本的長度都是 2.5 秒，但比較方便的做法是一次取得長度 20 秒的資料，只要相同的手勢重複多次即可，如下圖：

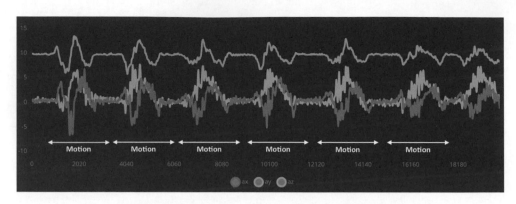

圖 **6-14** 一筆記錄中包含多個相同類型的動作

不過，我們建議動作之間停頓 1 或 2 秒，好讓 Edge Impulse 能在後續
步驟中順利辨識動作。

3. 在檔名旁邊點選 ⋮，將這筆記錄分割為 2.5 秒的多個樣本，接著點選
Split sample，如下圖：

	SAMPLE NAME	LABEL	ADDED	LENGTH	
☐	**circle.json.2jam5jrk**	circle	Today, 15:2...	20s	⋮
☐	**circle.json.2j930h3c**	circle	To	Rename	
☐	**circle.json.2j910pi...**	circle	Ye	Edit label	
☐	**circle.json.2j910pi...**	circle	Ye	Move to test set	
☐	**circle.json.2j910pi...**	circle	Ye	Disable	
☐	**circle.json.2j910pi...**	circle	Ye	Crop sample	
☐	**circle.json.2j910pi...**	circle	Ye	Split sample	
				Download	

圖 **6-15** Edge Impulse 的 Split sample 選項

在新跳出的視窗中，將 **segment length (ms.)** 設為 **2500** (2.5s) 之後按
下 **Apply**。Edge Impulse 會偵測所有動作並在每個偵測到的動作都放
置一個長度為 2.5 秒的切割窗，如下圖：

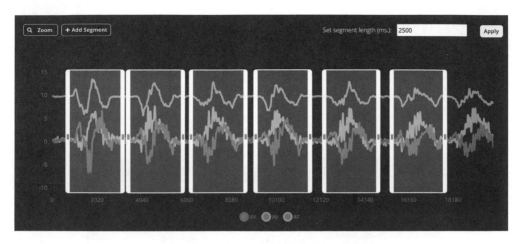

圖 **6-16** 以 2.5 秒的長度來分割樣本

如果 Edge Impulse 在這筆記錄中沒有辨識到動作的話，你可以點選 **Add Segment** 按鈕再點選想要分割出來的區域來手動加入多個分割窗。

選定所有分段之後，點選 **Split** 來產生多個樣本。

4. 使用 **Record new data** 區來記錄對應於未知（unknow）類別的 50 個隨機動作。為此，請記錄 40 秒的加速度計資料，過程中請隨意移動麵包板並平放於桌面上。

5. 在檔名旁邊點選：再按下 **Split sample**，將這筆 *unknown* 記錄分割為 2.5 秒的多個樣本。在新視窗中加入 50 個小切割窗（彼此可以重疊），完成之後按下 **Split** 就完成了。

6. 在 dashboard 的 **Danger zone** 區中點選 **Perform train/test split** 按鈕，可以自動把所有樣本分割為訓練資料集與測試資料集。

由於資料打亂運算無法回復，Edge Impulse 會再次詢問你是否要執行這個動作。

資料集現在已經準備好了，其中 80% 的樣本會被指派到訓練 / 驗證資料集，另外 20% 則屬於測試資料集。

設計與訓練 ML 模型

資料集準備好之後，可以來設計模型了。

本專案會使用 Edge Impulse 來建立以下架構的神經網路模型：

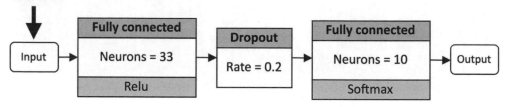

圖 6-17 要被訓練的全連接神經網路

由上圖可知，模型的輸入為頻譜特徵，而其內部只有兩個全連接層。

⊙ 事前準備

本專案將示範為什麼上圖中的微型網路已足以從加速度計資料中辨識出多種手勢。

在開發深度神經網路架構時，通常會直接把原始資料送入模型，好讓網路能自動學會如何擷取各種特徵。

這個方法在諸多應用上已被證明相當有效率且準確率非常好，例如影像分類。不過在某些應用中，人為設計出的特徵也能達到與深度學習差不多的準確率，且有助於降低模型架構的複雜度。手勢辨識正是如此，我們可運用頻域（frequency domain）中的各種特徵。

> **Note**
>
> 如果你對於頻域分析不太熟悉的話，請回顧第 4 章。

後續章節會深入介紹使用頻譜特徵的好處。

運用頻譜分析來辨識手勢

頻譜分析讓我們有機會找出時域（time domain）中所不可見的訊號特性。
例如以下兩種訊號：

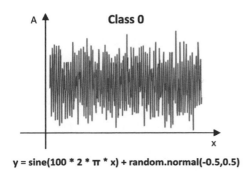

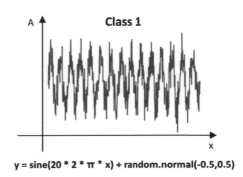

y = sine(100 * 2 * π * x) + random.normal(-0.5,0.5)　　y = sine(20 * 2 * π * x) + random.normal(-0.5,0.5)

圖 6-18　時域中的兩筆訊號

這兩筆訊號分別被指派為兩個不同的類別：類別 0 與類別 1。

你會在時域中使用哪種特徵來區別類別 0 與類別 1 ？

不論你想用哪一組特徵，它們都必須具備**位移不變性（shift-invariant）**並
可對抗雜訊，才能算得上有效。雖然可能有某組特徵已足以區別這兩個類
別，但如果我們改用頻域來看待這個問題的話，事情就直觀多了。如下圖
中兩者的功率頻譜（power spectrum）：

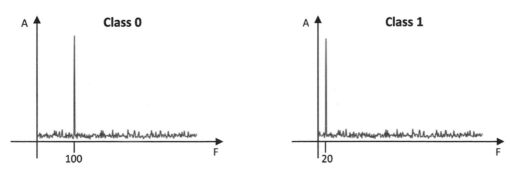

圖 6-19　類別 0 與類別 1 兩種訊號的頻率表示方式

由上圖可知，這兩個訊號的**主頻率（dominant frequency）**不同，這是由振幅最大的成分所決定。換言之，主頻率就是乘載了較多能量的那個成分。

雖然加速度計的訊號與類別 0 與類別 1 都不一樣，它們一樣會有重複的樣式，使得頻率成分也能以分類問題來處理。

不過，這樣的頻率表示方式還有另一個優點，就是有機會找出原始訊號的壓縮表示。

例如以本專案的資料集樣本來說，也就是我們以頻率 50 Hz、長度 2.5 秒所取得的三軸加速度。每一個實例都包含了 375 個資料點（每一軸各 125 個資料點）。現在，如果以 128 的輸出頻率（**FFT length**）對各個樣本來進行**快速傅立葉轉換（Fast Fourier Transform, FFT）**，這個域轉換操作會產生 384 個資料點（每一軸各 128 個資料點）。因此，FFT 似乎可以減少資料量。不過，如上個範例中的類別 0 與類別 1，並非所有頻率都具備了有意義的資訊。因此，我們只需要擷取能量最高的頻率（主頻率），這樣就能減少資料量並有助於辨識訊號樣式。

對手勢辨識來說，通常會根據以下步驟來產生頻譜特徵：

1. 對頻域應用一個低通濾波器，藉此過濾掉最高的頻率。這個步驟一般來說都能讓特徵擷取在過程中對抗雜訊的效果更好。

2. 擷取振幅最高的頻率成分。一般來說，會取得峰值最高的三個頻率值。

3. 在功率頻譜中擷取功率特徵。基本上，這些特徵就是**均方根（root mean square, RMS）**與**功率頻譜密度（power spectral density, PSD）**，兩者說明了在某個頻率區間中的功率。

以本專案來說，每一軸向的加速度計都會擷取以下特徵：

- 1 筆 RMS 數值
- 6 筆擷取自最高峰值頻率的數值（3 筆頻率與 3 筆振幅）
- 4 筆 PSD 值

因此只需要取得 33 筆特徵就好，代表相較於原始訊號，資料已減少為原本的 1/11，這已足以送入我們的微型全連接神經網路了。

◉ 實作步驟

由左側選單點選 **Create Impulse** 標籤。在 **Create Impulse** 分頁中，把 **Window size** 設為 2500ms，**Window increase** 則設為 200ms。

如第 4 章所述，需要設定 **Window increase** 參數才能以固定的區間來執行 ML 推論。這個參數對於連續型的資料流來說非常重要，因為我們無法得知事件何時會發生。因此，重點是把輸入資料流分割為固定時窗（或區段）再針對每一段進行 ML 推論。**Window size** 為該窗的時間長度，而 **Window increase** 則是兩個連續區段之間的時間距離。

請根據以下步驟來建立如圖 6-17 的神經網路：

1. 點選 **Add a processing block** 按鈕，接著找到 **Spectral Analysis（頻譜分析）**：

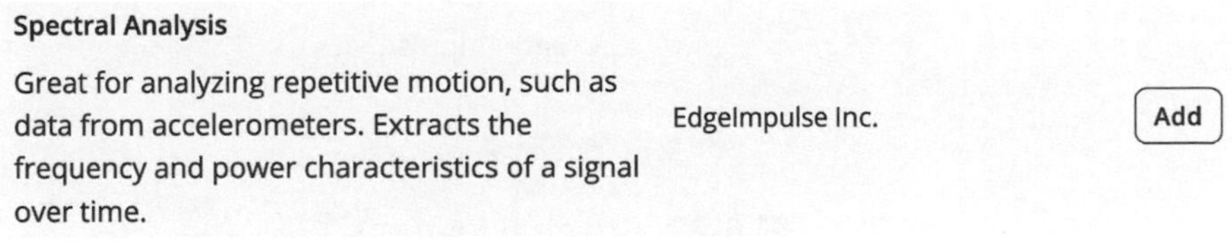

    Spectral Analysis

    Great for analyzing repetitive motion, such as data from accelerometers. Extracts the frequency and power characteristics of a signal over time.

    EdgeImpulse Inc.

    Add

    圖 6-20 頻譜分析處理區塊

    點選 Add 按鈕將這個處理區塊加入 Impulse。

2. 點選 **Add a learning block** 按鈕，接著點選 **Classification(Keras)**。

    Output features block 應該會帶入我們想要辨識的四個輸出類別（**circle**、**cross**、**pan** 與 **unknown**），如下圖：

圖 **6-21** 各個輸出類別

點選 **Save Impulse** 按鈕來儲存你的 Impulse。

3. 從 Impulse design 分區中點選 **Spectral features** 選項：

🗄 Data acquisition

∿ Impulse design

● Create impulse

● Spectral features

圖 **6-22** Spectral features 按鈕

在新視窗中，可以操作一下關於特徵擷取的相關參數，說明如下：

- **應用於輸入訊號的濾波器類型**：我們可以選擇低通或高通濾波器，接著再設定**截止（cut-off）**頻率，也就是因為濾波器快速增大時而導致衰減時的頻率。由於我們想要把雜訊過濾掉，在此應該要使用低通濾波器。

- **影響所擷取之頻譜功率特徵之參數**：這些參數包含了 FFT 長度、在最高峰值時要擷取的頻率成分數量，以及 PSD 所需的功率邊界值。

在此對所有參數採用其預設值，接著點選 **Generate features** 按鈕來從所有訓練樣本中擷取頻譜特徵。特徵擷取完成之後，Edge Impulse 會在輸出記錄中顯示 **Job completed** 訊息。

4. 在 **Impulse design** 分區中點選 **Neural Network (Keras)**，接著在兩個全連接層之間加入一個丟棄率為 0.2 的 **Dropout 層**。請確認第一個全連接層有 **33** 個神經元，另一個則是 **10** 個神經元，如下圖：

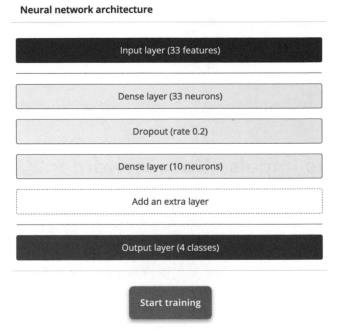

圖 6-23　神經網路架構

將訓練回合數設為 100，接著點選 **Start training**。

每經過一個訓練回合，輸出訊息中都可看到對於訓練資料集與驗證資料集的準確率與損失。

現在，要透過測試資料集來評估模型的效能。為此，請點選左側選單的 **Model testing** 按鈕，接著點選 **Classify all**。

完成之後，Edge Impulse 會在 **Model testing output** 區中顯示評估過程，並產生一個混淆矩陣（confusion matrix）：

	CIRCLE	CROSS	PAN	UNKNOWN	UNCERTAIN
CIRCLE	81.8%	0%	0%	0%	18.2%
CROSS	0%	100%	0%	0%	0%
PAN	0%	0%	100%	0%	0%
UNKNOWN	0%	0%	0%	73.3%	26.7%
F1 SCORE	0.90	1.00	1.00	0.85	

圖 6-24　模型測試結果

如你所見，這個只由兩個全連接層所組成的迷你模型，準確率達到了 88%！

使用 Edge Impulse Data forwarder 進行即時分類

把最終版的應用程式匯出到目標平台之前，測試模型是必然要進行的步驟。部署到微控制器的過程中很容易發生錯誤，因為程式碼本身可能就有錯、整合方式不正確，或模型在場域中無法穩定運作。因此當然有必要來測試模型，希望至少能把機器學習流程排出在失敗原因之外。

本專案將示範如何透過 Edge Impulse 來讓 Raspberry Pi Pico 進行即時分類。

◉ 事前準備

對於 ML 模型最有效的評估方式，就是直接在目標平台上測試模型效能。以這個專案來說，我們已經起了個頭，因為資料集是透過 Raspberry Pi Pico 來收集的。因此，測試資料集的準確率應該已可清楚指出模型的表現如何。不過，資料集也有可能並非以來自目標裝置的感測器資料所建立。如果發生這種狀況的話，部署在微控制器的模型在運作上就可能不如預期。一般來說，這類效能降低的原因都是與感測器規格有關。重點來說，感測器可能類型相同但是規格不同，例如偏移、準確度、範圍與敏感度等等。

多虧了 Edge Impulse data forwarder 工具，要確認模型在目標平台上的表現變得直觀多了。

◉ 實作步驟

請確認你的 Raspberry Pi Pico 執行的是「取得加速度計資料」的那支程式，而且你的電腦上也正在執行 `edge-impulse-data-forwarder`。接著，點選 **Live Classify** 標籤，檢查你的裝置（例如 **pico**）有沒有出現在 **Device** 下拉式選單中，如下圖：

圖 **6-25** Edge Impulse 的 Device 下拉式選單

如果沒有看到你的裝置，請根據「取得加速度計資料」專案中的實作步驟，來再次配對你的 Raspberry Pi Pico 與 Edge Impulse。

現在，請根據以下步驟，操作即時分類工具來評估模型效能：

1. 在 **Live classification** 視窗中，請由 **Sensor** 下拉式選單中選擇 **Sensor with 3 axes**，**Sample length (ms)** 設為 `20000`。**Frequency** 則使用預設值（`50 Hz`）。

2. 將 Raspberry Pi Pico 面向你，點選 **Start sampling** 並等候按鈕上的字變成 **Sampling...**。

   開始記錄之後，請執行模型可辨識的三種動作的其中一種（*circle*、*cross* 或 *pan*）。記錄完成之後，該筆樣本會被上傳到 Edge Impulse。

Edge Impulse 接著會把這筆記錄分成多筆 2.5 秒的樣本，並分別用於測試我們已經訓練好的模型。分類結果會呈現在同一個頁面上，這與第 4 章的做法相當類似。

RPi Pico 搭配 Arm Mbed OS 進行手勢辨識

模型評估完成之後，就可以把它部署到 Raspberry Pi Pico 上了。

本專案要帶你完成一個可以連續辨識手勢的應用程式，其中會用到 Edge Impulse、Arm Mbed OS 以及一個能夠過濾掉冗餘和虛假分類結果的演算法。

本專案的 Arduino 草稿碼請由此取得：

- 06_gesture_recognition.ino：
  https://github.com/PacktPublishing/TinyML-Cookbook/blob/main/Chapter06/ArduinoSketeches/06_gesture_recognition.ino

◉ 事前準備

本專案會透過 Edge Impulse 產生 Arduino 函式庫，使得 Raspberry Pi Pico 可以辨識不同的手勢。在第 4 章，我們使用了內建範例來完成任務。不過，本章將從頭實作整個程式。

我們的目標是開發一個可以連續辨識手勢的應用程式，代表加速度計資料抽樣和 ML 推論必須是同時執行的。這個做法才能確保我們取得並處理了完整的輸入資料流，而不會漏掉任何事件。

要完成這個任務的主要內容如下：

- Arm Mbed OS，用於編寫多執行緒程式
- 用於過濾掉冗餘分類結果的演算法

首先介紹如何執行共時任務，使用 Arm Mbed OS 中的**即時作業系統**（**real-time operating system, RTOS**）API 就能輕鬆做到。

在 Arm Mbed OS 中使用 RTOS API 建立 working 執行緒

所有針對 Arduino Nano 33 BLE Sense 與 Raspberry Pi Pico 開發板的 Arduino 草稿碼，都是建置在 Arm Mbed OS 之上，這是一個針對 Arm Cortex-M 微控制器的開放原始碼 RTOS。到目前為止，我們只運用 Mbed AP 來介接 GPIO 與 I2C 等周邊。不過，Arm Mbed OS 也提供了標準作業系統的各種基本功能，例如執行緒管理以便同時執行不同的任務。

建立執行緒之後，只需要將這個執行緒與我們想要執行的函式綁定起來，之後就可以執行它了。

> **Tips**
>
> 如果你有興趣深入了解 Arm Mbed OS 的各種功能的話，建議從閱讀原廠文件開始：https://os.mbed.com/docs/mbed-os/v6.15/bare-metal/index.html

微控制器中的執行緒是指一段獨立執行於單一核心上的小程式。由於所有執行緒都是在相同的核心上執行，就需要透過排程器來決定要執行哪一個以及執行多久。Mbed OS 採用**可搶先排程器（pre-emptive scheduler）**並採用基於 **round-robin 優先權的排程演算法**[3]。因此在透過 Mbed OS 的 RTOS API 來建立執行緒物件時，每個執行緒都可個別指定優先權[4]。可用的優先權數值請參考下列網址：https://os.mbed.com/docs/mbed-os/v6.15/apis/thread.html

---

3   https://en.wikipedia.org/wiki/Round-robin_scheduling
4   https://os.mbed.com/docs/mbed-os/v6.15/apis/thread.html

本專案會用到兩個執行緒：

- **抽樣執行緒**：這個執行緒負責以 50 Hz 的頻率從 MPU-6050 IMU 取得加速度資料。

- **推論執行緒**：這個執行緒負責每 200 ms 執行一次模型推論。

不過，如本節一開頭所述，製作這個手勢辨識專案除了要用到多執行緒程式之外，還需要一個過濾演算法來剔除冗餘與虛假的預測結果。

過濾掉冗餘以及虛假預測結果

這個手勢辨識應用程式會對連續資料流運用了以滑動窗（sliding window）為基礎的方法，以此判斷其中有沒有我們感興趣的動作。這個方法的概念是將資料流分割為較小且固定大小的窗，並對每個窗執行 ML 推論。我們已經體認到，ML 是一款能夠取得穩健分類結果的強力工具，尤其是當我們對輸入資料使用了時間位移。因此，鄰近窗的機率值會相當接近，這反而會造成多個冗餘的偵測結果。

本專案採用了**測試與追蹤過濾（test and trace filtering）演算法**，使本專案能夠有效處理虛假的偵測結果。就概念上來說，如果過往的 N 筆預測（例如過往四筆）滿足以下情況，這個過濾演算法才會把該筆 ML 輸出類別視為有效：

- 輸出類別相同，但不屬於 *unknown* 類別。

- 機率分數超過了某個固定的**門檻值（threshold）**，例如大於 0.7。

把這個演算法的運作方式視覺呈現出來，如下圖：

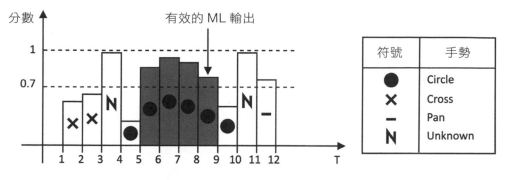

圖 **6-26** 有效 ML 預測結果的範例

由上圖可知，每一個矩形長條就是指定時間點的預測類別，包含以下內容：

- 代表預測輸出類別的符號
- 長條的高度就是該預測類別的機率分數

因此，考慮 N = 4 且機率門檻值為 0.7 等前提，我們認為 ML 輸出類別只有在 **T=8** 處為有效。它前面的 4 筆分類結果都是 *circle*，機率值也都大於 0.7。

◉ 實作步驟

點選左側選單的 **Deployment**，接著從 **Create library** 區塊中點選 **Arduino Library**，如下圖：

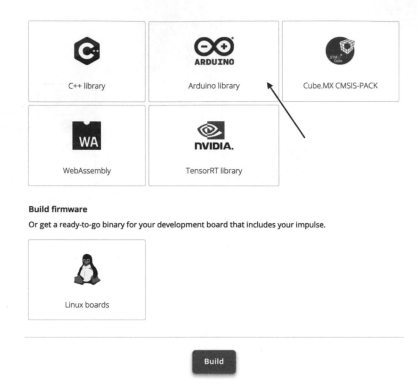

圖 6-27 Edge Impulse 的 deployment 區塊

在頁面底端點選 **Build** 按鈕，把 ZIP 檔存在你的電腦中。

接著，把這個函式庫匯入 Arduino IDE。完成之後，把「取得加速度計資料」專案的內容複製到新的草稿碼中。以下步驟將說明如何修改程式碼，好讓 Raspberry Pi Pico 能夠辨識我們所指定的三種手勢：

1. 在草稿碼匯入 `<edge_impulse_project_name>_inferencing.h` 標頭檔。如果你的 Edge Impulse 專案名稱為 `gesture_recognition`，則匯入格式如下：

```
#include <esture_recognition_inferencing.h>
```

如果要使用 Edge Impulse 為本專案所建置的常數、函式與 C 巨集，只能透過標頭檔來操作。

2. 宣告兩個浮點數陣列（buf_sampling 與 buf_inference），長度都是 375：

```
#define INPUT_SIZE EI_CLASSIFIER_DSP_INPUT_FRAME_SIZE
float buf_sampling[INPUT_SIZE] = { 0 };
float buf_inference[INPUT_SIZE];
```

上述程式碼使用了 Edge Impulse 的 **EI_CLASSIFIER_DSP_INPUT_FRAME_SIZE** 的 C 巨集定義，藉此取得 2.5 秒加速度計資料所需的輸入樣本數，也就是 375。

抽樣執行緒會運用 **buf_sampling** 陣列來儲存加速度計資料，而推論執行緒則會運用 **buf_inference** 陣列作為模型輸入。

3. 宣告一個排程優先權較低的 RTOS 執行緒，用於執行 ML 模型：

```
rtos::Thread inference_hread(osPriorityLow);
```

由於推論執行緒負責執行 ML 推論會用到較長的執行時間，其優先權（**osPriorityLow**）應低於抽樣執行緒。因此，應確保推論執行緒的排程優先權較低，才能保證不會漏掉任何加速度計資料樣本。

4. 建立一個 C++ 類別來實作測試追蹤過濾演算法。在此將追蹤 ML 預測結果（計數器與前一筆輸出之有效類別索引）所需的過濾參數（*N* 與機率門檻值）與變數都宣告為 private：

```
class TestAndTraceFilter {
private:
  int32_t      _n {0};
  float        _thr {0.0f};
  int32_t      _counter {0};
  int32_t      _last_idx_class {-1};
  const int32_t _num_classes {3};
```

演算法會用到以下兩個變數來追蹤分類結果，說明如下：

- _counter：用於追蹤相同分類結果且機率分數超過所設定門檻值（_thr）的次數。

- _last_idx_class：用於存放上一筆推論的輸出類別索引值。

在本專案中，每當上一筆推論回傳 *unknown* 或機率分數低於門檻值
（ **_thr** ）的話，就把 **_last_idx_class** 變數設為 **-1**。

5. 將無效的輸出類別索引（ **-1** ）宣告為 public：

```
public:
  static constexpr int32_t invalid_idx_class = -1;
```

6. 實作 TestAndTraceFilter 建構子來初始化過濾參數：

```
public:
  TestAndTraceFilter(int32_t n, float thr) {
    _thr = thr;
    _n   = n;
  }
```

7. 在 TestAndTraceFilter 類別中實作了一個 private 方法來重置 _counter
與 _last_idx_class 這兩個內部變數，它們是用於追蹤 ML 預測結果：

```
void reset() {
  _counter       = 0;
  _last_idx_class = invalid_idx_class;
}
```

8. 同樣在 TestAndTraceFilter 類別中，實作了一個 public 方法，使用最
新的分類結果來更新過濾演算法：

```
void update(size_t idx_class, float prob) {
  if(idx_class >= _num_classes || prob < _thr) {
    reset();
  }
  else {
    if(prob > _thr) {
      if(idx_class != _last_idx_class) {
        _last_idx_class = idx_class;
        _counter       = 0;
      }
      _counter += 1;
    }
    else {
      reset();
    }
  }
}
```

TestAndTraceFilter 物件會在兩個狀態之間運作：*incremental* 與 *reset*，如下圖：

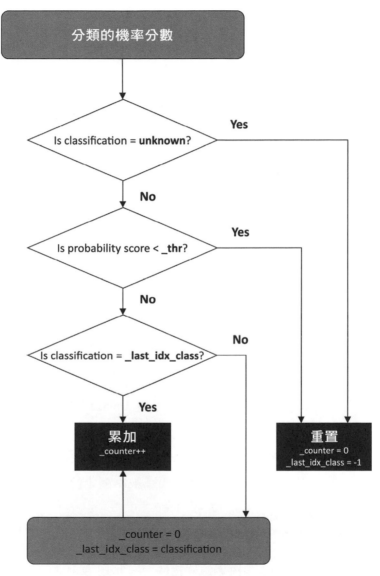

圖 6-28 測試追蹤過濾演算法流程圖

如上圖,當最近的分類結果多數都是有效的輸出類別,且機率分數也高於所設定的最低門檻值的話,就會進入 *incremental* 狀態。除此之外的所有狀況都會進入 *reset* 狀態,在此將 _counter 設定為 0,_last_idx_class 則設定為 -1。

在 *incremental* 狀態中,_counter 會被累加 1,而 _last_idx_class 則存放有效輸出類別的索引。

9. 在 TestAndTraceFilter 類別中實作一個用於回傳過濾器輸出結果的 public 方法:

```
int32_t output() {
  if(_counter >= _n) {
    int32_t out = _last_idx_class;
    reset();
    return out;
  }
  else {
    return invalid_idx_class;
  }
}
```

由上可知,如果 _counter 大於等於 _n,就會回傳 _last_idx_class 並將測試追蹤函式設為 *reset* 狀態。

反之,如果 _counter 小於 _n,則回傳 invalid_idx_class。

10. 定義一個在無窮迴圈中(while(1))執行 ML 推論(inference_func)的函式。這個函式會由 RTOS 執行緒(inference_thread)所執行。在開始推論之前,要先等候抽樣緩衝區被填滿才行:

```
void inference_func() {
  delay((EI_CLASSIFIER_INTERVAL_MS * EI_CLASSIFIER_RAW_SAMPLE_COUNT) + 100);
```

接著要初始化測試追蹤過濾器物件。在此把 *N* 與機率門檻值分別設為 4 與 0.7f:

```
TestAndTraceFilter filter(4, 0.7f);
```

初始化完成之後，就會在無窮迴圈中不斷進行 ML 推論：

```
while (1) {
  memcpy(buf_inference, buf_sampling,
         INPUT_SIZE * sizeof(float));
  signal_t signal;
  numpy::signal_from_buffer(buf_inference, INPUT_SIZE,
                            &signal);
  ei_impulse_result_t result = { 0 };
  run_classifier(&signal, &result, false);
```

在執行推論之前，需要先把資料從 buf_sampling 複製到 buf_inference 裡面，並用 buf_inference 緩衝區來初始化 Edge Impulse 的 signal_t 物件。

11. 取得機率分數最高的輸出類別，並使用最新一筆分類結果來更新 TestAndTraceFilter 物件：

```
    size_t ix_max = 0; float  pb_max = 0;
#define NUM_OUTPUT_CLASSES EI_CLASSIFIER_LABEL_COUNT
    for (size_t ix = 0; ix < NUM_OUTPUT_CLASSES; ix++) {
      if(result.classification[ix].value > pb_max) {
        ix_max = ix;
        pb_max = result.classification[ix].value;
      }
    }
    filter.update(ix_max, pb_max);
```

12. 讀取 TestAndTraceFilter 物件的輸出。如果輸出不是 -1（無效輸出），就透過序列埠發送預測手勢所代表的標籤：

```
    int32_t out = filter.output();
    if(out != filter.invalid_idx_class) {
      Serial.println(result.classification[out].label);
    }
```

在執行下一次推論之前，等候 200ms（Edge Impulse 專案中所設定的 **window increase** 大小）：

```
    delay(200);
```

> **Note**
>
> delay() 會讓當下的執行緒進入等候狀態。在此的最高原則就是每當執行緒一段時間沒有執行任何運算的話,就要讓它進入等候狀態。這個方法可以確保不會浪費運算資源,也能讓其他執行緒同時運作。

13 在 setup() 函式中啟動 RTOS 推論執行緒(inference_thread):

```
inference_thread.start(mbed::callback(&inference_func));
```

14. 在 loop() 函式中,把序列埠相關內容換成把加速度計量測結果儲存於 buf_sampling 中的程式碼:

```
float ax, ay, az;
read_accelerometer(&ax, &ay, &az);
numpy::roll(buf_sampling, INPUT_ SIZE, -3);
buf_sampling[INPUT_SIZE - 3] = ax;
buf_sampling[INPUT_SIZE - 2] = ay;
buf_sampling[INPUT_SIZE - 1] = az;
```

由於 Arduino 的 loop() 函式事實上是一個優先權較高的 RTOS 執行緒,就不必再另外新增執行緒來取得加速度計量測值。因此,可把 Serial.print() 函式直接換成將加速度計資料填入 buf_sampling 緩衝區所需的程式碼。

buf_sampling 緩衝區會被填入以下內容:

- 首先,使用 numpy::roll() 函式來位移 buf_sampling 陣列中的資料。numpy::roll() 函式是來自 Edge Impulse 函式庫,運作方式類似於 NumPy[5] 的同名函式。

- 接著,把三軸加速度計量測值(ax、ay 與 az)儲存在 buf_sampling 的最後三個位置。

---

5 https://numpy.org/doc/stable/reference/generated/numpy.roll.html

這個方法可以讓最新一筆加速度計量測值永遠會位在 `buf_sampling` 的最後三個位置。這樣一來，推論執行緒就可以把這個緩衝區的內容複製到 `buf_inference` 緩衝區，並且不需要再次打亂資料就能直接把資料送入 ML 模型。

編譯草稿碼並上傳到 Raspberry Pi Pico。現在，如果你做出了 ML 模型可辨識的三種動作（繞圈、交叉或平移）的其中一種的話，就可以在 Arduino 的序列埠監控視窗中看到對應的手勢辨識結果。

使用 PyAutoGUI 建置以手勢為基礎的介面

Raspberry Pi Pico 可以辨識手勢之後，接著就要製作可控制 YouTube 影片播放的無接觸介面。

本專案要實作一個 Python 腳本來讀取序列埠的動作辨識結果，並使用 PyAutoGUI 函式庫來製作一個基於手勢的介面，可以播放 / 暫停、靜音 / 取消靜音，以及切換 YouTube 影片：

本專案的 Python 腳本請由此取得：

- `07_gesture_based_ui.py`：

  https://github.com/PacktPublishing/TinyML-Cookbook/blob/main/Chapter06/PythonScripts/07_gesture_based_ui.py

◉ 事前準備

由於本專案的 Python 腳本需要存取本機端的序列埠、鍵盤與螢幕，因此無法在 Google Colaboratory 中實作。所以，我們需要在本機端的 Python 開發環境中來編寫程式。

製作這個手勢控制介面只需要兩個函式庫：pySerial 與 PyAutoGUI。

pySerial 可取得來自序列埠的手勢預測結果，作法類似於第 5 章。

辨識到了某個動作之後，就會輪流執行以下三個 YouTube 影片播放動作的其中之一：

手勢	繞圈	交叉	平移
功能	靜音 / 取消靜音	播放 / 暫停	切換到下一支影片

圖 **6-29** 手勢對應的功能

由於 YouTube 針對了上述動作提供了鍵盤快捷鍵 [6]，就可透過 PyAutoGUI 來模擬鍵盤的各個按鍵被按下（**keystroke**）時的狀況，如下表：

手勢	對應的播放動作	鍵盤快捷鍵
繞圈	靜音 / 取消靜音	m
交叉	播放 / 暫停	k
平移	切換到下一支影片	Shift + N

圖 **6-30** YouTube 播放動作的對應快捷鍵

例如，如果微控制器透過序列埠回傳了 **circle**，就會模擬 **m** 鍵被按下的狀況。

◉ 實作步驟

請確認你的本機端 Python 開發環境已安裝了 PyAutoGUI（例如 **pip install pyautogui**）。完成之後，請新增一個 Python 腳本，並匯入以下函式庫：

```
import serial
import pyautogui
```

6　https://support.google.com/youtube/answer/7631406

請根據以下步驟，使用 **PyAutoGUI** 來設計一個無接觸介面：

1. 根據 Raspberry Pi Pico 所連接的序列埠與傳輸鮑率來初始化 **pyserial**：

```
port = '/dev/ttyACM0'
baudrate = 115600
ser = serial.Serial()
ser.port     = port
ser.baudrate = baudrate
```

初始化完成之後，開啟序列埠並清除序列輸入緩衝區的內容：

```
ser.open()
ser.reset_input_buffer()
```

2. 建立一個公用函式，把來自序列埠的一列訊息作為字串回傳：

```
def serial_readline():
  data = ser.readline
  return data.decode("utf-8").strip()
```

3. 使用 **while** 迴圈來逐列讀取序列資料：

```
while True:
  data_str = serial_readline()
```

對每一列來說，都會檢查是否發生了繞圈、交叉或平移這三個動作的其中之一。

如果動作為繞圈（**circle**），模擬按下 *m* 鍵來靜音 / 取消靜音：

```
if str(data_str) == "circle":
  pyautogui.press('m')
```

如果動作為交叉（**cross**），模擬按下 *k* 鍵來播放 / 暫停：

```
if str(data_str) == "cross":
  pyautogui.press('k')
```

如果動作為平移（pan），模擬按下 *Shift* + *N* 熱鍵來切換到下一支影片：

```python
if str(data_str) == "pan":
  pyautogui.hotkey('shift', 'n')
```

4. 確認 Raspberry Pi Pico 正在運行上一個專案的草稿碼之後，啟動這個 Python 腳本。

請用網路瀏覽器開啟 YouTube，播放喜歡的影片，接著讓 Raspberry Pi Pico 面對著你。現在，如果你做出了 ML 模型可辨識的三種動作（繞圈、交叉或平移）的其中一種的話，就能透過這些手勢來控制 YouTube 影片播放了！

使用 Zephyr OS
執行 Tiny CIFAR-10 模型

直接在實體裝置上開發 TinyML 原型應用可說是趣味十足,因為可以馬上看到我們的想法運作於某個東西上,看起來就像是真的一樣。不過,在為應用程式灌注靈魂之前,得先確保模型如我們所預期地運作,最好還能在不同的裝置上運作。直接在微控制器開發板上對應用程式進行測試與除錯通常需要大把的開發時間,之所以這麼說是每次修改程式碼都需要重新把程式上傳到裝置。這時候,虛擬平台就很好用啦,它可讓測試更加直觀與快速。

本章要運用 **TensorFlow Lite for Microcontrollers（TFLu）** 框架搭配一顆模擬的 Arm Cortex-M3 微控制器,製作一個影像分類應用程式。首先要安裝 **Zephyr OS**,也就是要完成本章任務的主要框架。接著,要運用 **TensorFlow（TF）** 設計一個微型量化 **CIFAR-10** 模型。這個模型可運行於 256 KB 的程式記憶體以及 64 KB RAM 的微控制器之上。最後,我們要把這個影像分類應用程式透過 **Quick Emulator（QEMU）** 部署於模擬的 Arm Cortex-M3 微控制器上。

本章的目標是說明如何透過虛擬平台搭配 **Zephyr OS** 來建置並執行基於 **TFLu** 的應用程式，並針對如何在記憶體受限的微控制器上設計影像分類模型提供實務建議。

本章內容如下：

- 認識 Zephyr OS

- 設計與訓練微型 CIFAR-10 模型

- 評估 TFLite 模型的準確率

- 將 NumPy 影像轉換為 C 位元組陣列

- 準備 TFLu 專案的架構

- 在 QEMU 上建置與執行 TFLu 應用程式

技術需求

本章所有實作範例所需項目如下：

- 安裝 Ubuntu 18.04+ 或 Windows 10 的 x86-64 筆記型電腦或 PC

本章程式原始碼與相關材料請由本書 Github 的 `Chapter07` 資料夾取得：

`https://github.com/PacktPublishing/TinyML-Cookbook/tree/main/Chapter07`

認識 Zephyr OS

本專案會先安裝 **Zephyr**，它是本章用於在虛擬 **Arm Cortex-M3** 微控制器上建置並執行 **TFLu** 應用程式的框架。到了本專案最後，會在所用的虛擬平台執行一個範例程式，好確認檢查所有東西是否都按照預期來運作。

◉ 事前準備

進行第一個專案之前，得先了解 Zephyr 到底是什麼。

Zephyr[1] 是一個開放原始碼的 Apache 2.0 專案，可在多種不同架構的硬體平台上提供了一款輕量化的**即時作業系統（Real-Time Operating System, RTOS）**，包括 Arm Cortex-M、Intel x86、ARC、Nios II 與 RISC-V。RTOS 已針對記憶體受限的裝置與其必要的安全性納入考量。

Zephyr 可不是只有提供 RTOS 而已，它還提供了一組**軟體開發套件（Software Development Kit, SDK）**搭配許多立即可用的案例與工具，方便你透過 QEMU 在多款支援裝置上，包含虛擬平台，來建置基於 Zephyr 的應用程式。

QEMU[2] 是一款開放原始碼的機器模擬器，讓我們不需要購入實際的硬體就可以測試程式。Zephyr SDK 針對 QEMU 已支援兩款基於 Arm Cortex-M 的微控制器開發板，如下：

- *BBC micro:bit 開發板* [3]，處理器為 Arm Cortex-M0
- *Texas Instruments 的 LM3S6965 開發板* [4]，處理器為 Arm Cortex-M3

上述兩款 QEMU 平台中，我們選用 **LM3S6965**。之所以會選用 TI 的板子單純是因為它的 RAM 容量比 BBC micro:bit 大多了。事實上，這兩款裝置的程式記憶體大小相同（256 KB）。LM3S6965 的 RAM 有 64 KB，而 BBC micro:bit 的 RAM 卻只有 16 KB，不足以執行 CIFAR-10 模型。

1　https://zephyrproject.org

2　https://www.qemu.org

3　https://microbit.org

4　https://www.ti.com/product/LM3S6965

◉ 實作步驟

安裝 Zephyr 包含了以下步驟：

1. 安裝 Zephyr 所需之必要套件

2. 取得 Zephyr 原始碼與相關 Python 相依套件

3. 安裝 Zephyr SDK

Important Note

本節的安裝說明是針對 Zephyr 2.7.0 與 Zephyr SDK 0.13.1。

開始之前，建議你先安裝 Python **虛擬環境（virtualenv）** 工具，用於建立獨立的 Python 環境。如果尚未安裝的話，請開啟終端機並輸入以下 `pip` 指令：

```
$ pip install virtualenv
```

新增一個資料夾（例如 `zephyr`）並切換到這個資料夾中：

```
$ mkdir zephyr && cd zephyr
```

接著，在上一步所新增的資料夾中建立一個虛擬環境：

```
$ python -m venv env
```

上述指令會建立 `env` 資料夾，以及虛擬環境所需的執行檔、以及所需的 Python 套件。

如果要使用這個虛擬環境的話，請用以下指令來啟動：

```
$ source env/bin/activate
```

虛擬環境啟動之後，終端機的最前端會變成 (env)：

```
(env)$
```

Tips

你隨時可在終端機中輸入 deactivate 指令來退出 Python 虛擬環境。

請根據以下步驟來建置 Zephyr 環境，並在虛擬的 Arm Cortex-M3 微控制器上執行一個簡易小程式：

1. 請根據 Zephyr Getting Started Guide[5] 的頁面說明，操作到 **Install a Toolchain** 這一段。完成之後，你可在 ~/zephyrproject 資料夾中找到所有 Zephyr 相關模組。

2. 切換到 Zephyr 原始碼資料夾下的 samples/synchronization 資料夾：

```
$ cd ~/zephyrproject/zephyr/samples/synchronization
```

Zephyr 已在 samples/ 資料夾中提供了許多立即可用的範例來示範 RTOS 功能的各種用途。既然我們的目標是在虛擬平台上執行某些應用程式，那麼 synchronization 範例就很適合，因為它不需要介接外部元件（例如 LED）。

3. 針對 qemu_cortex_m3 來建置已建置好的 synchronization 範例：

```
$ west build -b qemu_cortex_m3 .
```

west 指令可用於編譯這個範例。West[6] 是由 Zephyr 開發的工具，只需要簡單幾行指令就能管理多個檔案庫。不過，west 不只是檔案管理員

5　https://docs.zephyrproject.org/2.7.0/getting_started/index.html

6　https://docs.zephyrproject.org/latest/guides/west/index.html

而已。事實上，這項工具還可透過擴充套件來加入更多功能。Zephyr 運用了這個可擴充的機制 [7] 來加入編譯、燒錄與偵錯等相關指令。

請用以下 west 語法來編譯程式：

```
$ west build -b <BOARD> <EXAMPLE-TO-BUILD>
```

指令說明如下：

- <BOARD>：目標平台的名稱，以本範例來說就是 QEMU Arm Cortex-M3 平台（qemu_cortex_m3）。

- <EXAMPLE-TO-BUILD>：要被編譯的範例路徑。

應用程式建置完成之後，就可將其執行於目標裝置上了。

4. 在 LM3S6965 虛擬平台上執行 synchronization 範例：

```
$ west build -t run
```

west build 指令只要搭配建置系統目標（-t）作為命令列引數，就能順利執行這個程式。由於已在建置應用程式時指定了目標平台，只要在最後加入 run 就能將程式上傳到裝置並執行。

如果 Zephyr 已正確安裝，synchronization 範例就會立刻執行在虛擬 Arm Cortex-M3 平台上並顯示以下訊息：

```
threadA: Hello World from arm!
threadB: Hello World from arm!
threadA: Hello World from arm!
threadB: Hello World from arm!
```

按下 *Ctrl* + *A* 即可關閉 QEMU。

---

7 https://docs.zephyrproject.org/latest/guides/ west/build-flash-debug.html

設計與訓練微型 CIFAR-10 模型

LM3S6965 的記憶體容量限制使得我們不得不設計一個記憶體用量極低的模型。真要說的話,這款目標微控制器的記憶體容量只有 Arduino Nano 的四分之一。

除了這個極有挑戰性的記憶體限制之外,本專案會運用以下這款微型模型來分類 CIFAR-10 影像,還能運行於 LM3S6965 之上:

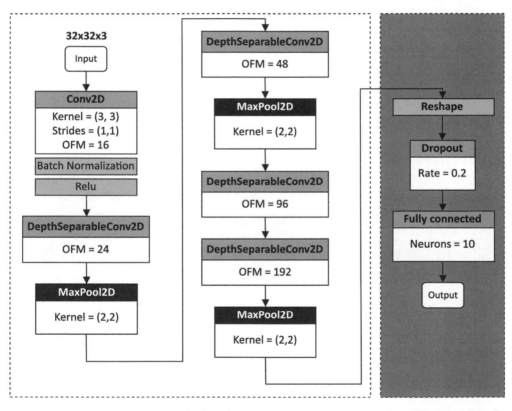

Convolution base　　　　**Classification head**

圖 7-1 可分類 CIFAR-10 資料集影像的模型

我們可用 TF 與 Keras API 來設計上述網路。

本專案的 Colab 筆記本請由此取得：

- prepare_model.ipynb：
  https://github.com/PacktPublishing/TinyML-Cookbook/blob/main/
  Chapter07/ColabNotebooks/prepare_model.ipynb

◎ 事前準備

本專案所精心製作的網路，其靈感是來自於 MobileNet V1 之於 ImageNet 資料集分類任務的大成功。這款模型的目標是成功分類 CIFAR-10 資料集的 10 個類別：飛機、汽車、鳥、貓、鹿、狗、青蛙、馬、船與卡車（*airplane, automobile, bird, cat, deer, dog, frog, horse, ship, truck*）。

CIFAR-10 資料集可由下列網址取得，其中包含了 60,000 張解析度為 32×32 的 RGB 影像：

https://www.cs.toronto.edu/~kriz/cifar.html

為了理解為什麼這款模型可以成功運行於 LM3S6965，我們就必須先了解其架構設計上的巧思，讓這款網路得以適用於我們的目標裝置。

如圖 7-1，模型是以負責擷取特徵的卷積運算為基礎，再搭配一個可根據所學特徵的分類頭來進行分類。

網路中較淺的層，其具備較大的空間維度（譯註：卷積核心大小）與較少的**輸出特徵圖（Output Feature Map, OFM）**來學習較簡易的特徵（如線段）。反之，更深一點的層則其空間維度較小，但有較多的 OFM 來學習複雜特徵（如形狀）。

這款模型運用了池化層，希望能在增加 OFM 的同時，還能讓張量的空間維度減半並降低發生過擬合的風險。一般來說，較深的層會加入多一點觸發圖來盡可能組合出更多的複雜特徵。因此，這裡的中心思想是讓空間維度變小來支援更大量的 OFM。

後續章節會說明使用**深度可分離卷積（Depthwise Separable Convolution, DWSC）**層來取代標準的 2D 卷積層的設計理念。

使用 DWSC 取代 2D 卷積

DWSC 是讓 MobileNet V1 針對 ImageNet 資料集取得極大成功的關鍵層，也是我們提出這個基於卷積架構的原因所在。這個運算子讓 MobileNet V1 模型不但準確率極高，還能運行於記憶體與運算資源都極端受限的裝置上。

回顧第 5 章並參考下圖，DWSC 是一個深度卷積層與另一個核心大小為 1×1 的卷積層（也就是**點卷積 /pointwise convolution**）的組合：

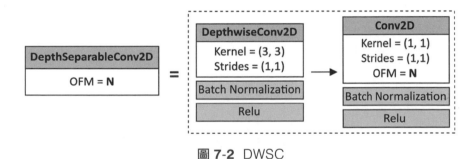

圖 7-2 DWSC

接著說明這個運算子如何做到如此高的效率，可用圖 7-1 中網路的 DWSC 層來看。如下圖，輸入張量的大小為 32×32×16，而輸出張量的大小為 32×32×24：

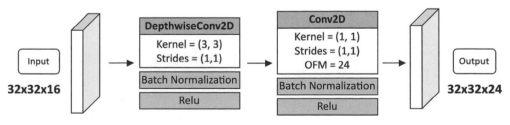

圖 7-3 CIFAR-10 模型中的第一個 DWSC 層

如果把 DWSC 換成核心大小為 3×3 的常見 2D 卷積的話，就會用掉 3,480 個可訓練的參數，其中有 3,456 筆權重（3×3×16×24）與 24 筆偏誤。反之，DWSC 只會用掉 560 個可訓練的參數，說明如下：

- 核心大小為 3×3 的深度卷積層，有 144 筆權重與 16 筆偏誤

- 點卷積層則有 384 筆權重與 24 筆偏誤

因此就本專案來說，DWSC 層相較於一般的 2D 卷積層，只需要大約 1/6 的可訓練參數就能做到相同的效果。

這個層所提供的好處還不只模型尺寸瘦身而已。另一個使用 DWSC 的優點在於減少了算數運算量。事實上，雖然這兩種層都是由多個**乘積累加**（**Multiply-Accumulate, MAC**）運算所組成，但 DWSC 所需的 MAC 運算明顯比 2D 卷積來得少。

這個觀點可由以下兩個方程式來比較，分別用於計算 2D 卷積與 DWSC 所需的 MAC 總運算量：

$$MACs_{conv2d} = F_{size} \cdot W_{out} \cdot H_{out} \cdot C_{out} \cdot C_{in}$$

$$MACs_{dwsc} = (F_{size} \cdot W_{out} \cdot H_{out} \cdot C_{in}) + (W_{out} \cdot H_{out} \cdot C_{out} \cdot C_{in})$$

方程式說明如下：

- $MACs_{conv2d}$：2D 卷積的 MAC 總量

- $MACs_{dwsc}$：DWSC 的 MAC 總量

- F_{size}：過濾器大小

- $W_{out} \cdot H_{out}$：輸出張量的寬度與高度

- $C_{in} \cdot C_{out}$：輸入與輸出特徵圖的數量

計算 DWSC 的 MAC 總量有兩個部分。第一個部分（$F_{size} \cdot W_{out} \cdot H_{out} \cdot C_{in}$）會計算深度卷積所需的 MAC 運算，但假設輸入與輸出的特徵圖數量相等。第二個部分（$W_{out} \cdot H_{out} \cdot C_{out} \cdot C_{in}$）則會計算點卷積的 MAC 運算。

如果把上述兩個方程應用於圖 7-3 的狀況，就會知道 2D 卷積共需要 3,583,944 次運算，而 DWSC 只需要 540,672 次，因此才說 DWSC 可讓運算複雜度減低為原本的 1/6。

由於 DWSC 層減少了可訓練的參數量與所需的算術運算量，因此它的效率就倍增了。

了解這層的優點之後，接著要介紹如何設計一款可運行於我們目標裝置上的模型。

控制模型記憶體需求

我們的目標是設計一款可以塞入 256 KB 程式記憶體，並只需 64 KB RAM 來執行的模型。程式記憶體用量可直接由所產生的 `.tflite` 模型大小來推算。或者，你可檢視由 Keras `summary()` 方法[8]所產生的**總參數量（Total params）**，這樣就能大致了解模型的大小了。總參數量就是可訓練參數的總和，主要會受到 OFM 與層的數量 / 類型所影響。就本範例來說，卷積相關共有 5 個可訓練層，192 個觸發圖。這麼做會讓我們的模型只會占用程式記憶體總量的 30%。

要估計 RAM 的用量有點複雜，且會根據模型架構而有不同，而所有不為常數的變數，例如網路輸入、輸出與**中間張量（intermediate tensor）**都會放在 RAM 裡面。不過，雖然網路會需要非常多的張量，TFLu 的**記憶體管理員（memory manger）**可透過高效率的方式在執行階段中提供所需的記憶體區塊。以本範例的序列式模型來說，各層都只有一個輸出與一個輸出張量，RAM 用量的估算圖可由以下總和來表示：

- 模型輸入與輸出張量所需的記憶體
- 兩個最大的中間張量

---

8 https://keras.io/api/models/model/#summary-method

就本專案的網路來說，第一個 DWSC 所產生中間張量為最大，其中包含了 24,576 個元素（32×32×24），如下圖：

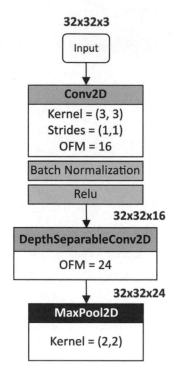

圖 7-4 第一個 DWSC 層會產生最大的中間張量

由上圖可知，第一個 DWSC 會產生一個具備 24 個 OFM 的張量，在此我們認為是準確率與 RAM 用量的一個良好平衡點。不過，日後你應該會想要再更進一步好讓模型更輕巧又更快速。

◉ 實作步驟

新增一個 Colab 專案，請根據以下步驟並使用 TFLite 來設計與訓練量化 CIFAR-10 模型：

1. 下載 CIFAR-10 資料集：

```
(train_imgs, train_lbls), (test_imgs, test_lbls)
            = datasets.cifar10.load_data()
```

2. 將像素值範圍調整（正規化）到 0 與 1 之間：

```
train_imgs = train_imgs / 255.0
test_imgs = test_imgs / 255.0
```

這個步驟可確保所有資料的範圍尺度都相同。

3. 定義一個 Python 函式來實作 DWSC：

```
def separable_conv(i, ch):
    x = layers.DepthwiseConv2D((3,3), padding="same")(i)
    x = layers.BatchNormalization()(x)
    x = layers.Activation("relu")(x)
    x = layers.Conv2D(ch, (1,1), padding="same")(x)
    x = layers.BatchNormalization()(x)
    return layers.Activation("relu")(x)
```

separable_conv() 函式可接受以下兩個輸入引數：

- i：要送進深度 2D 卷積的輸入
- ch：將產生的 OFM 數量

批正規化（batch normalization）層可對輸入進行標準化，好讓模型訓練更快更穩定。

4. 定義如圖 7-1 中的卷積段：

```
input = layers.Input((32,32,3))
x = layers.Conv2D(16, (3, 3), padding='same')(input)
x = layers.BatchNormalization()(x)
x = layers.Activation("relu")(x)
x = separable_conv(0, x, 24)
x = layers.MaxPooling2D((2, 2))(x)
x = separable_conv(0, x, 48)
x = layers.MaxPooling2D((2, 2))(x)
x = separable_conv(0, x, 96)
x = separable_conv(0, x, 192)
x = layers.MaxPooling2D((2, 2))(x)
```

在此運用**池化（pooling）**層來降低網路中所有特徵圖的空間維度。雖然我們可用步長不為 1 的 DWSC 來實現類似分階抽樣的效果，在此還是選用池化層來讓可訓練參數保持在較低的數量。

5. 設計分類頭：

```
x = layers.Flatten()(x)
x = layers.Dropout(0.2)(x)
x = layers.Dense(10)(x)
```

6. 建立模型並顯示其總和：

```
model = Model(input, x)
model.summary()
```

如下圖，模型總覽語法回傳的參數量約為 60,000：

```
==============================
Total params: 60,194
Trainable params: 59,074
Non-trainable params: 1,120
```

圖 7-5 CIFAR-10 模型總覽（可訓練參數）

就 8 位元量化來說，60,000 筆浮點數型態的參數會對應到 60,000 筆的 8 位元整數值。因此，權重占了模型大小的 60 KB，比目標最大值 256 KB 低非常多。不過，由於實際上要部署在微控制器上的為 TFLite 檔，其中還須包含網路架構與量化參數，請不要把這個數字就直接視為模型大小。

RAM 的大致用量可由網路中的所有中間張量大小來估計。這項資訊可由 `model.summary()` 的輸出結果得知。如上一節「事前準備」所述，第一個 DWSC 層的中間張量是最大的。下圖是擷取自 `model.summary()`，從中可看到這兩個張量的形狀：

```
act1 (Activation)                (None, 32, 32, 16)        0

dwc0_dwsc2 (DepthwiseConv2D)      (None, 32, 32, 16)      160

bn0_dwsc2 (BatchNormalization)   (None, 32, 32, 16)       64

act0_dwsc2 (Activation)          (None, 32, 32, 16)        0
                                                                   DWSC
conv0_dwsc2 (Conv2D)             (None, 32, 32, 24)      408

bn1_dwsc2 (BatchNormalization)   (None, 32, 32, 24)       96

act1_dwsc2 (Activation)          (None, 32, 32, 24)        0

pool1 (MaxPooling2D)             (None, 16, 16, 24)        0
```

圖 **7-6** CIFAR-10 模型總覽（第一 DWSC 層）

由上圖中框出來的 **DWSC** 區域可知，參數量最大的兩個張量如下：

- **act0_dwsc2** 的輸出：**(None, 32, 32, 16)**

- **conv0_dwsc2** 的輸出：**(None, 32, 32, 24)**

因此，中間張量的預期記憶體用量應該是 41 KB 左右。針對這個數字，還需要加入輸入與輸出節點的記憶體才能更精準估計 RAM 用量。輸入與輸出張量共需要 3,082 位元組，其中輸入用掉了 3,072 位元組，而輸出則用了 10 位元組。整體來說，我們預期模型推論會用掉 44 KB 的 RAM，這會小於 64 KB 的目標值。

> **Note**
>
> 在圖 7-6 中，輸出形狀為 **(None, 32, 32, 16)** 的層共有三層：**conv0_dwsc2**、**bn1_dwsc2** 與 **act1_dwsc2**。不過，因為批正規化層 (**bn1_dwsc2**) 與觸發層 (**act1_dwsc2**) 會被 TFLite 轉換器整合到卷積層 (**conv0_dwsc2**) 之中，只有點卷積層 (**conv0_dwsc2**) 會被算入中間張量的記憶體用量。

7. 編譯並訓練模型 10 個回合：：

```python
model.compile(optimizer='adam',
loss = tf.keras.losses.SparseCategoricalCrossentropy(
from_logits=True), metrics=['accuracy'])
```

```
model.fit(train_imgs, train_lbls, epochs=10,
validation_data=(test_imgs, test_lbls))
```

經過 10 回合之後,模型針對驗證資料集的準確率應可達到 73%。

8. 將 TF 模型儲存為 SavedModel:

```
model.save("cifar10")
```

這款 CIFAR-10 模型已經可由 TFLite 轉換器來進行量化了。

評估 TFLite 模型的準確率

剛訓練好的微型模型已可順利分類 CIFAR-10 資料集,準確率約為 73%。不過,如果是透過 TFLite 轉換器量化之後的模型,其準確率又是如何呢?

本專案會透過 TFLite 轉換器來量化模型,並透過 **TFLite Python** 直譯器搭配測試資料集來評估準確率。準確率評估完成之後,就可以把 TFLite 模型轉換為 C 位元組陣列了。

本專案的 Colab 筆記本請由此取得:

- prepare_model.ipynb:
  https://github.com/PacktPublishing/TinyML-Cookbook/blob/main/
  Chapter07/ColabNotebooks/prepare_model.ipynb

◎ 事前準備

本節將說明,轉換後的 **TFLite** 模型與原本所訓練的模型,兩者為何在準確率上會產生差異。

我們已經知道,訓練後的模型在被部署到微控制器這類資源有限的裝置之前,需要被轉換為更小巧更輕量化的呈現方式。

量化是本步驟的關鍵所在,它可讓模型變小並提升推論效能。不過,訓練後再進行量化可能會因為採用了精確度較低的算術運算而影響到模型準確率。因此關鍵在於在部署到目標裝置之前,所產生的 .tflite 模型準確率是否落在一個可接受的範圍之內。

討厭的是,TFLite 並未提供 Python 工具來評估模型準確率。因此,我們會使用 TFLite Python 直譯器來完成這件事,它可讓我們把輸入資料送入網路,並讀取分類結果。準確率為針對測試資料集樣本的正確分類比率。

◉ 實作步驟

請根據以下步驟來評估量化後的 CIFAR-10 模型對於測試資料集的準確率:

1. 從 train 資料集中選擇數百筆樣本,用於校正量化結果:

```
cifar_ds = tf.data.Dataset.from_tensor_slices(train_images).batch(1)
def representative_data_gen():
    for i_value in cifar_ds.take(100):
        i_value_f32 = tf.dtypes.cast(i_value, tf.float32)
        yield [i_value_f32]
```

TFLite 轉換器會運用 representative 資料集來估計各個量化參數。

2. 初始化 TFLite 轉換器來執行 8 位元量化:

```
tflite_conv = tf.lite.TFLiteConverter.from_saved_model("cifar10")
tflite_conv.representative_dataset = tf.lite.RepresentativeDataset(represen
tative_data_gen)
tflite_conv.optimizations = [tf.lite.Optimize.DEFAULT]
tflite_conv.target_spec.supported_ops = [tf.lite.OpsSet.TFLITE_BUILTINS_
INT8]
tflite_conv.inference_input_type = tf.int8
tflite_conv.inference_output_type = tf.int8
```

將 TF 模型量化為 8 位元的過程中,需要把 SavedModel 資料夾(cifar10)匯入 TFLite 轉換器,並強制執行完整的整數量化。

3. 將模型轉換為 TFLite 檔案格式，並儲存為 .tflite：

```
tfl_model = tfl_conv.convert()
open("cifar10.tflite", "wb").write(tfl_model)
```

4. 顯示 TFLite 模型的大小：

```
print(len(tfl_model))
```

這款模型用掉了 81,304 位元組。如你所見，模型已足以塞入大小為 256 KB 主記憶體中。

5. 使用測試資料集來評估模型在量化後的準確率。為此，請先執行 TFLite 直譯器並配置各張量：

```
tfl_inter = tf.lite.Interpreter(model_content=tfl_model)
tfl_inter.allocate_tensors()
```

取得輸入與輸出節點的量化參數：

```
i_details = tfl_inter.get_input_details()[0]
o_details = tfl_inter.get_output_details()[0]
i_quant = i_details["quantization_parameters"]
i_scale      = i_quant['scales'][0]
i_zero_point = i_quant['zero_points'][0]
o_scale      = o_quant['scales'][0]
o_zero_point = o_quant['zero_points'][0]
```

將 num_correct_samples 變數值設為 0，這個變數是用於追蹤正確分類的數量：

```
num_correct_samples = 0
num_total_samples   = len(list(test_imgs))
```

處理所有的測試樣本：

```
for i_value, o_value in zip(test_imgs, test_lbls):
    input_data = i_value.reshape((1, 32, 32, 3))
    i_value_f32 = tf.dtypes.cast(input_data, tf.float32)
```

所有測試樣本都要進行量化：

```
i_value_f32 = i_value_f32 / i_scale + i_zero_point
i_value_s8 = tf.cast(i_value_f32, dtype=tf.int8)
```

使用量化後的樣本來初始化輸入節點，並開始推論：

```
tfl_conv.set_tensor(i_details["index"], i_value_s8)
tfl_conv.invoke()
```

讀取分類結果，再把輸出解量化為浮點數：

```
o_pred = tfl_conv.get_tensor(o_details["index"])[0]
o_pred_f32 = (o_pred - o_zero_point) * o_scale
```

將分類結果與預期的輸出類別進行比較：

```
if np.argmax(o_pred_f32) == o_value:
    num_correct_samples += 1
```

6. 顯示量化 TFLite 模型的準確率：

```
print("Accuracy:", num_correct_samples/num_total_samples)
```

幾分鐘之後就會看到準確率計算結果，預期的準確率大約是 73%。

7. 使用 **xxd** 把 TFLite 模型轉換為 C 位元組陣列：

```
!apt-get update && apt-get -qq install xxd
!xxd -i cifar10.tflite > model.h
```

請由 Colab 左側區塊來下載 model.h 與 cifar10.tflite 這兩個檔案。

將 NumPy 影像轉換為 C 位元組陣列

我們會把程式執行於虛擬平台上，且不需要用到攝影機模組。因此，需要對本範例的應用程式提供有效的測試輸入影像，藉此檢查模型是否如我們所預期地來運作。

本專案將由測試資料集取得一張影像，且該影像必須回傳 ship 類別的正確分類結果。這個樣本接著會被轉換為型態為 int8_t 的 C 陣列，並另存成 input.h 檔案。

本專案的 Colab 筆記本請由此取得：

- prepare_model.ipynb：
  https://github.com/PacktPublishing/TinyML-Cookbook/blob/main/Chapter07/ColabNotebooks/prepare_model.ipynb

◉ 事前準備

進行本專案之前，我們得先知道如何產生一個包含輸入測試影像的 C 檔案。檔案相當簡單，如下圖：

```
// Input image
int8_t g_test[] = {
// data
}

// Array size
const int g_test_len = 3072;

// Index label
const int g_test_ilabel = 8;
```

圖 7-7　輸入測試影像的 C 標頭檔結構

由檔案結構可知，描述輸入測試樣本只需要一個陣列與兩個變數，說明如下：

- g_test：儲存船隻影像之標準化且量化後像素值的 int8_t 陣列。儲存在陣列 (// data) 中的像素應為以逗號區隔的整數值。

- g_test_len：代表陣列尺寸的整數變數。由於模型輸入是一個解析度為 32×32 的 RGB 影像，陣列的預期尺寸就是 3,072 (32×32×3) 個 int8_t 元素。

- **g_test_ilabel**：代表輸入測試影像的類別索引值之整數變數。由於在此的影像為船隻，預期的類別索引值應為 8。

輸入影像都是來自測試資料集，因此還需要實作一個 Python 函式來把原本儲存為 NumPy 格式的影像轉換為 C 陣列。

⊙ 實作步驟

請根據以下步驟，可針對測試資料集產生一個包含船隻影像的 C 標頭檔：

1. 定應一個函式，將由 **np.int8** 數值所組成的 1D NumPy 陣列轉換為一個由多個整數值（彼此以逗號分隔）所組成的字串：

```python
def array_to_str(data):
    NUM_COLS = 12
    val_string = ''
    for i, val in enumerate(data):
        val_string += str(val)
        if (i + 1) < len(data):
            val_string += ','
        if (i + 1) % NUM_COLS == 0:
            val_string += '\n'
    return val_string
```

由上述程式碼可知，**NUM_COLS** 變數是用來限制一列中能包含多少個數值。以本範例來說，**NUM_COLS** 設為 **12**，這樣就要在每 12 筆數值之間加入一個換行符號。

2. 定義另一個函式來產生 C 標頭檔，其中包含了以 **int8_t** 陣列來儲存的輸入測試影像。正確格式的樣板字串需包含以下欄位：

- **size**：陣列大小
- **data**：存入陣列的數值
- **ilabel**：輸入影像被指派的類別索引值

```python
def gen_h_file(size, data, ilabel):
    str_out = f'int8_t g_test[] = '
    str_out += "\n{\n"
```

```
str_out += f'{data}'
str_out += '};\n'
str_out += f"const int g_test_len = {size};\n"
str_out += f"const int g_test_ilabel = {ilabel};\n"
return str_out
```

由上述程式碼可知,這個函式預期 {data} 會是一個彼此以逗號分隔的
多個整數值所組成的字串。

3. 從 CIFAR-10 測試資料集建立一個 pandas DataFrame:

```
imgs = list(zip(test_imgs, test_lbls))
cols = [Image, 'Label']
df = pd.DataFrame(imgs, columns = cols)
```

4. 從 pandas DataFrame 中只取出船隻(ship)影像:

```
cond = df['Label'] == 8
ship_samples = df[cond]
```

上述的 8 就是 ship 類別的索引值。

5. 處理所有船隻影像並執行推論:

```
c_code = ""

for index, row in ship_samples.iterrows():
    i_value = np.asarray(row['Image'].tolist())
    o_value = np.asarray(row['Label'].tolist())
    o_pred_f32 = classify(i_value, o_value)
```

6. 檢查回傳的分類結果是否為 ship。如果是的話,就把輸入影像轉換為
C 位元組陣列並跳出迴圈:

```
if np.argmax(o_pred_f32) == o_value:
    i_value_f32 = i_value / i_scale + i_zero_point
    i_value_s8  = i_value_f32.astype(dtype=np.uint8)
    i_value_s8  = i_value_s8.ravel()

    # Generate a string from NumPy array
    val_string = array_to_str(i_value_s8)
```

```
# Generate the C header file
c_code = gen_h_file(
i_value_s8.size, val_string, "8")
break
```

7. 把所產生的程式碼存在 input.h 檔案中：

```
with open("input.h", 'w') as file:
    file.write(c_code)
```

請由 Colab 左側區塊來下載 input.h 檔案，其中已包含了要被輸入的測試影像。

準備 TFLu 專案的架構

距離完成本專案就差幾個步驟而已啦。現在輸入測試影像已經準備好了，請關閉 Colab 環境並將注意力轉到 Zephyr OS 的應用程式上。

本專案會從預先建置好的現成 TFLu hello_world 範例來建立 TFLu 專案的架構，該範例已包含在 Zephyr SDK 中。

本專案的 C 檔案請由此取得：

- main.c、main_functions.cc 與 main_functions.h：
  https://github.com/PacktPublishing/TinyML-Cookbook/blob/main/
  Chapter07/Zephyrproject/Skeleton

◉ 事前準備

如果要使用 Zephyr OS 來從頭開發一個 TFLu 專案，在此的做法是一個不錯的出發點。

建立專案最簡單的方式是直接複製 TFLu 預先建置好的範例，再進一步編輯，這些範例請由此取得：~/zephyrproject/zephyr/samples/modules/tflite-micro。在本書編寫期間，有兩個立即可用的現成範例：

- hello_world：示範了 **TFLu** 的基本操作方式，並重現了三角函數的 sine 函式：`https://docs.zephyrproject.org/latest/samples/modules/ tflite-micro/hello_world/README.html`

- magic_wand：示範如何實作一個 **TFLu** 專案，可透過加速度計資料來辨識手勢：`https://docs.zephyrproject.org/latest/samples/modules/ tflite-micro/hello_world/README.html`

本專案會以 `hello_world` 範例為基礎，範例資料夾內容應如下圖：

圖 7-8 hello_world 範例資料夾內容

`hello_world` 資料夾下又有三個子資料夾，但只要注意 `src/` 就好，因為它包含了本應用程式的原始碼。不過，本專案也不會用到 `src/` 中的所有檔案，例如 `assert.cc`、`constants.h`、`constants.c`、`model.cc`、`model.h`、`output_handler.cc` 與 `output_handler.h`，只有 sine 波範例程式會用到這些檔案而已。新的 **TFLu** 專案所需的 C 檔案如下：

- main.c：本檔案包含了標準 C/C++ `main()` 函式，負責開始與停止程式。`main()` 函式包含了一個單次執行的 `setup()` 函式，還有一個會被執行 50 次的 `loop()` 函式。因此，`main` 函式做的事情與 Arduino 程式差不多。

- main_functions.h 與 main_functions.cc：這些檔案包含了 `setup()` 與 `loop()` 函式的宣告與定義。

最後，`hello_world` 資料夾下的 `CMakeList.txt` 與 `prj.conf` 檔案是用於建置本應用程式。本章最後一個專案會深入介紹這些檔案。

⊙ 實作步驟

開啟終端機，並根據以下步驟來新增一個 TFLu 專案：

1. 切換到 ~/zephyrproject/zephyr/samples/modules/tflite-micro/ 資料夾，新增一個名為 cifar10 的資料夾：

```
$ cd ~/zephyrproject/zephyr/samples/modules/tflite-micro/
$ mkdir cifar10
```

2. 將 hello_world 資料夾內容複製到 cifar10 資料夾中：

```
$ cp -r hello_world/* cifar10
```

3. 進入 cifar10 資料夾，並由其中的 src/ 資料夾刪除以下檔案：

```
constants.h, constants.c, model.c, model.h, output_handler.cc, output_
handler.h, and assert.cc
```

之所以可以刪除這些檔案，是因為它們只會在 sine 波範例程式中用到，這在上一節「事前準備」說明過了。

4. 把前兩個專案所產生的 model.h 與 input.h 檔複製到 cifar10/src 資料夾中。

複製完成之後，你的 cifar10/src 資料夾應包含以下檔案：

圖 7-9 hello_word/src 資料夾內容

繼續之前，請確認你已具備了如上圖所列出的所有檔案。

現在請用預設的 C 編輯器（如 **Vim**），對 main.c 與 main_functions.cc 檔做一點修改。

5. 開啟 main.c 檔案，把 for (int i = 0; i < NUM_LOOPS ; i++) 這一段改成 while(true)。完成之後，main.c 檔內容應如下：

```
int main(int argc, char *argv[]) {
    setup();
    while(true) {
        loop();
    }
    return 0;
}
```

上述程式碼在行為上與 Arduino 草稿碼一模一樣，其中 setup() 只會被呼叫一次，而 loop() 則是不斷重複執行。

6. 開啟 main_functoins.cc 並刪除以下內容：

- 從標頭檔清單中刪除 constants.h 與 output_handler.h
- inference_count 變數以及所有用到它的地方，本專案不會用到它。
- loop() 函式中的所有內容。

接著，把 g_model 換成 model.h 中的陣列名稱。g_model 變數只有在呼叫 tflite::GetModel() 時才會用到。

專案架構完成之後，終於可以實作應用程式了。

在 QEMU 上建置與執行 TFLu 應用程式

Zephyr 專案的架構已經完備，接著只要讓這個專案可以順利分類所輸入的測試影像就搞定了。

本專案會示範如何建置 TFLu 應用程式，並在基於模擬 Arm Cortex-M3 的微控制器上來執行。

本專案的 C 檔案請由此取得：

- `main.c`、`main_functions.cc` 與 `main_functions.h`：
  https://github.com/PacktPublishing/TinyML-Cookbook/blob/main/
  Chapter07/Zephyrproject/CIFAR10

◎ 事前準備

開發本專案所需的關鍵材料都與 TFLu 有關，先前章節（例如第 3 章與第 5 章）也都談過了。不過，還有一個關於 TFLu 的小細節還沒介紹到，它會對程式記憶體用量產生極大影響。

本節要介紹的是 `tflite::MicroMutableOpResolver` 介面。

由先前專案可知，TFLu 直譯器負責為所指定的模型來準備相關的運算。直譯器需要知道的其中一件事就是所要執行各運算子的函式指位器。到目前為止，都是透過 `tflite::AllOpsResolver` 來提供這項資訊。不過，`tflite::AllOpsResolver` 由於會耗用大量的程式記憶體所以不推薦使用。例如，因為目標裝置的程式記憶體非常有限，這個介面還可能讓應用程式建置失敗。因此，TFLu 提供了另一個更有效率的介面：`tflite::MicroMutableOpResolver`，它只會載入模型所需的必要運算子。如果想知道模型需要哪些運算子的話，可用 **Netron**[9] 來視覺化呈現 TFLite 的模型檔（`.tflite`）。

◎ 實作步驟

首先使用 Netron 來視覺化呈現本專案的 TFLite CIFAR-10 模型檔（`cifar10.tflite`）架構。

---

9 https://netron.app/

下圖是本模型用該工具所呈現之後的一小段：

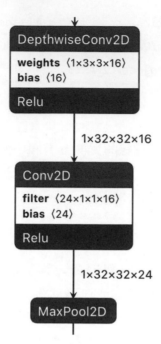

圖 7-10　使用 Netron 來視覺化呈現 CIFAR-10 模型之一部分
（感謝 netron.app）

透過 Netron 來檢視模型之後，可看出這款模型只用到了五種運算子：
Conv2D、**DepthwiseConv2D**、**MaxPool2D**、**Reshape** 與 **FullyConnected**。
這項資訊即可用於初始化 `tflite::MicroMutableOpResolver`。

現在，使用預設的 C 編輯器並開啟 main_functions.cc 檔案。

請根據以下步驟來建置 TFLu 應用程式：

1. 使用 `#include` 來加入包含了輸入測試影像的標頭檔（`input.h`）：

```
#include "input.h"
```

2. 把 `tensor_arena_size` 提高為 52,000：

```
constexpr int tensor_arena_size = 52000;
```

> **Note**
>
> tensor arena 原本的變數名稱為 kTensorArenaSize。為了與本書的小寫命名慣例一致,在此將這個變數改名為 tensor_arena_size。

TFLu tensor arena 是一塊由使用者所配置的記憶體來提供 TFLu 所需的網路 輸入、輸出、中間張量與與其他資料結構。arena 大小須為 16 的倍數才能搭配 16 位元組的資料。

由先前 CIFAR-10 模型的設計架構可知,模型推論的 RAM 預期用量約為 44 KB。因此,52,000 位元組對我們來說已經足夠,因為該值大於 44 KB 且低於 RAM 的最大容量 64 KB。

3. 把 uint8_t tensor_arena[tensor_arena_size] 改 為 uint8_t *tensor_arena = nullptr :

```
uint8_t *tensor_arena = nullptr;
```

這個 tensor arena 對於堆疊來說太大了,所以放不下。因此,我們應該要在 setup() 函式中動態配置這個記憶體。

4. 宣 告 tflite::MicroMutableOpResolver 全 域 物 件,它 只 會 載 入 執 行 CIFAR-10 模型所需的運算子:

```
tflite::MicroMutableOpResolver<5> resolver;
```

建立該物件時,須提供模型會用到的不同運算子總量,如上述語法的 5。

5. 針對輸出量化參數宣告兩個全域變數:

```
float o_scale = 0.0f;
int32_t o_zero_point = 0;
```

6. 在 setup() 函 式 移 除 tflite::AllOpsResolver 物 件 的 相 關 內 容。接 著 在 初 始 化 TFLu 直 譯 器 之 前,把 模 型 會 用 到 的 運 算 子 載 入 tflite::MicroMutableOpResolver 物件(resolver)中:

```
resolver.AddConv2D();
resolver.AddDepthwiseConv2D();
resolver.AddMaxPool2D();
resolver.AddReshape();
resolver.AddFullyConnected();
static tflite::MicroInterpreter static_interpreter(
model, resolver, tensor_arena, tensor_arena_size,
error_reporter);
interpreter = &static_interpreter;
```

7. 在 setup() 函式中，先從輸出張量取得輸出量化參數：

```
const auto* o_quantization = reinterpret_cast<TfLiteAffineQuantization*>
(output->quantization.params);
o_scale      = o_quantization->scale->data[0];
o_zero_point = o_quantization->zero_point->data[0];
```

8. 在 loop() 函式中，使用輸入測試影像的內容來初始化輸入張量：

```
for(int i = 0; i < g_test_len; i++) {
    input->data.int8[i] = g_test[i];
}
```

接著進行推論：

```
TfLiteStatus invoke_status = interpreter->Invoke();
```

9. 模型推論完成之後就會回傳分數最高的輸出類別：

```
size_t ix_max = 0;
float  pb_max = 0;
for (size_t ix = 0; ix < 10; ix++) {
  int8_t out_val = output->data.int8[ix];
  float  pb = ((float)out_val - o_zero_point) * o_scale;
  if(pb > pb_max) {
      ix_max = ix;
      pb_max = pb;
  }
}
```

以上程式片段會處理所有量化後的輸出數值，並回傳分數最高的類別（`ix_max`）。

10. 最後，檢查分類結果（`ix_max`）是否等於輸入測試影像的標籤（`g_test_label`）：

```
if(ix_max == g_test_ilabel) {
```

如果相同，顯示 CORRECT classification! 訊息並回傳分類結果：

```
    static const char *label[] = {"airplane", "automobile", "bird", "cat",
"deer", "dog", "frog", "horse", "ship", "truck"};
    printf("CORRECT classification! %s\n",
label[ix_max]);
    while(1);
}
```

現在開啟終端機，使用以下指令來建置這個 qemu_cortex_m3 專案：

```
$ cd ~/zephyrproject/zephyr/samples/modules/tflite-micro/cifar10
$ west build -b qemu_cortex_m3 .
```

數秒之後，west 工具應會在終端機顯示以下訊息，代表程式已順利編譯完成：

```
Memory region         Used Size  Region Size  %age Used
        FLASH:        137668 B       256 KB      52.52%
         SRAM:          4536 B        64 KB       6.92%
     IDT_LIST:           0 GB         2 KB       0.00%
```

圖 7-11 記憶體用量總覽

由 west 工具的輸出訊息可知，基於 CIFAR-10 的本專案會用掉 **52.52%** 的程式記憶體（**FLASH**）以及 **6.92%** 的 RAM（**SRAM**）。不過，別被 RAM 用量訊息誤導了。事實上，上述總覽訊息並未考慮到先前動態配置的記憶體。因此，除了靜態配置於 RAM 中的 4,536 位元組之外，還要再加上 tensor arena 的 52,000 位元組，這會讓 RAM 用量達到了 88%。

程式建置完成之後，請用以下指令將其執行於虛擬平台：

```
$ west build -t run
```

west 工具會先把虛擬裝置開機並回傳以下輸出，代表模型已正確將影像分類為船隻：

```
-- west build: running target run
[1/1] To exit from QEMU enter: 'CTRL+a, x'[QEMU] CPU: cortex-m3
qemu-system-arm: warning: nic stellaris_enet.0 has no peer
Timer with period zero, disabling
*** Booting Zephyr OS build v2.7.99-1639-g73a957e4b316  ***
CORRECT classification!: ship
```

圖 7-12 模型推論的預期輸出

由上圖可知，虛擬裝置輸出了 **CORRECT classification** 訊息，代表這款微型的 CIFAR-10 模型執行成功了！

CHAPTER **8**

與 microNPU 一同邁向
TinyML 新世代

現在，我們的 TinyML 世界之旅已到了最後一站。雖然本章乍看之下好像是到了終點，但對發生於邊緣的**機器學習（Machine Learning, ML）**來說，其實是新事物的起點。在這趟旅程中，我們已經學會功耗對於 TinyML 應用程式可否有效率地長久運作來說的重要性了。然而，運算效能正是解鎖更多全新用途，並讓我們周遭的各種「物」變得愈來愈聰明的關鍵所在。為此，已誕生了一款更新更先進的處理器來提升 ML 工作負載的運算能力與能源效率。這款處理器就是 **Micro-Neural Processing Unit（microNPU）**。

在本書的最後一章，我們要介紹如何在虛擬 Arm Ethos-U55 microNPU 上執行量化後的 CIFAR-10 模型。

一開始會介紹這款處理器的運作方式，並說明如何安裝軟體相依套件來在 **Arm Corstone-300 Fixed 虛擬平台（Corstone-300 FVP）**上建置並執行模型。接著使用 **TVM** 編譯器把預訓練的 **TensorFlow Lite（TFLite）**模型轉換為 C/C++ 程式碼。本章最後將示範如何編譯 TVM 所產生的程式碼，並將其部署到 Corstone-300 FVP，使其可透過 Ethos-U55 microNPU 來進行推論。

本章的目標是讓你熟悉 Arm Ethos-U55 microNPU 這款能在微控制器上執行 ML 工作負載工作負載的全新處理器。

Attention

由於本章所介紹的部分工具還在開發階段，很有可能有些指令與工具在未來也會改版。因此，建議你定期使用 Git 工具來檢查軟體函式庫是否有更新。

本章主題如下：

- 設定 Arm Corstone-300 FVP
- 安裝支援 Arm Ethos-U 的 TVM
- 安裝 Arm 工具鏈與 Ethos-U 驅動程式堆疊
- 使用 TVM 產生 C 程式碼
- 針對輸入、輸出與標籤生成 C 位元組陣列
- 在 Arm Ethos-U55 上建置與執行模型

技術需求

本章所有實作範例所需項目如下：

- 安裝 Ubuntu 18.04+ 或 Windows 10 的 x86-64 筆記型電腦或 PC

本章程式原始碼與相關材料請由本書 Github 的 Chapter08 資料夾取得：

https://github.com/PacktPublishing/TinyML-Cookbook/tree/main/Chapter08

設定 Arm Corstone-300 FVP

Arm Ethos-U55 是 Arm 所設計的第一顆 microNPU，可進一步擴充自家 Cortex-M 微控制器的 ML 運算能力。不過，在本書編寫期間，這顆新的處理器還未實際生產硬體。幸好，Arm 根據自家的 Arm Corstone-300 系統提供了免費的**固定虛擬平台（Fixed Virtual, FVP）**，即便沒有實體裝置也能快速在這款處理器上體驗各種 ML 模型。

本專案會詳細介紹 Arm Ethos-U55 microNPU 的運算效能，以及安裝 Corstone-300 FVP。

◉ 事前準備

第一個專案來了！先從介紹 Corstone-300 FVP 與 Ethos-U55 microNPU 開始。

Corstone-300 FVP[1] 是一款基於 Arm Cortex-M55 CPU 與 Ethos-U55 microNPU 的虛擬平台。

Arm Ethos-U55[2] 是一款專用於 ML 推論的處理器，可與 Cortex-M CPU 搭配使用，如下圖：

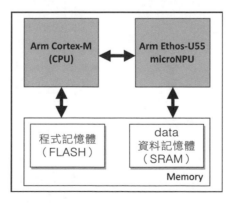

圖 8-1 具備 Arm Cortex-M CPU 與 Ethos-U55 microNPU 的微控制器

1　https://developer.arm.com/tools-and-software/open-source-software/arm-platforms-software/arm-ecosystem-fvps

2　https://www.arm.com/products/silicon-ip-cpu/ethos/ethos-u55

CPU 的角色是把 ML 工作負載搬到 microNPU 中，後者可以獨立執行模型推論。Arm Ethos-U55 在設計上已可針對已量化的 8 位元 / 16 位元神經網路時所需的基本運算來高效率運作，這類運算包括卷積層、全連接層與深度卷積層等各層中最重要的**乘積累加（Multiply-Accumulate, MAC）**運算。

下表是 Arm Ethos-U55 所支援的部分運算子：

Convolution 2D	Depthwise convolution 2D	De-convolution	Max pooling
Average pooling	Fully connected	LSTM/GRU	Add/Sub/Mul
Softmax	Relu/Relu6/Tanh/Sigmoid	Reshape	**many more...**

圖 8-2　Arm Ethos-U55 microNPU 支援的部分運算子

從微控制器程式設計的角度來說，我們還是需要把模型以 C/C++ 程式來呈現，並將其上傳到微控制器。再者，權重、偏誤與量化參數還是可儲存在程式記憶體中，而輸入 / 輸出張量則是儲存於 SRAM 中，如下圖：

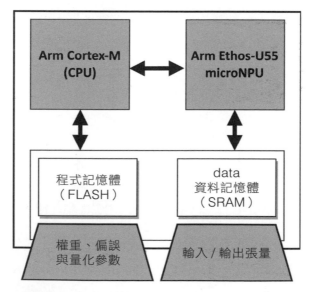

圖 8-3　權重與偏誤仍可儲存在程式記憶體中

因此，關於 ML 參數與輸入 / 輸出張量之記憶體配置方式與先前章節的做法完全相同。然而，與傳統 Cortex-M CPU 的運算之差異在於在 Arm Ethos-U55 上的模型推論方式。在 microNPU 上執行模型推論時，程式實際上是一連串的指令（也就是**指令流**），用於告訴處理器要執行哪些運算、從記憶體的哪裡讀取資料，以及要把資料寫入到記憶體的哪裡。

一旦程式被上傳到微控制器之後，就可把運算內容丟給 microNPU，做法是指定指令流的記憶體位置以及輸入 / 輸出張量專用的 SRAM 區域。接著，Arm Ethos-U55 就可獨立執行所有指令了，並把輸出寫入由使用者定義的資料記憶體區域，並在完成時發送一個中斷訊號。CPU 就可透過這個訊號來得知何時要讀取輸出資料。

◉ 實作步驟

開啟終端機，在家目錄中 (~/) 新增一個名為 **project_npu** 的資料夾：

```
$ cd ~/ && mkdir project_npu
```

進入 ~/project_npu 資料夾，並建立 binaries、src 與 sw_libs 等三個資料夾：

```
$ cd ~/project_npu
$ mkdir binaries
$ mkdir src
$ mkdir sw_libs
```

這三個資料夾包含了以下內容：

- binaries：在 Arm Corstone-300 FVP 上建置與執行應用程式所需的二元檔

- src：應用程式的原始碼

- sw_libs：本專案的軟體函式庫相依套件

請根據以下步驟在你的 Ubuntu/Linux 電腦上安裝 Arm Corstone-300：

1. 開啟網路瀏覽器並開啟 **Arm Ecosystem FVPs** 頁面 [3]。

2. 點選 **Corstone-300 Ecosystem FVPs**，再點選 **Download Linux** 按鈕，如下圖：

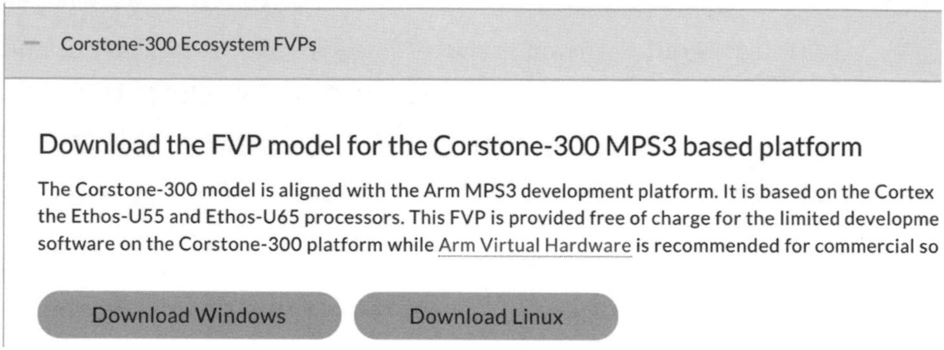

圖 **8-4** Corstone-300 FVP 的 下載 Linux 選項

下載 .tgz 檔，解壓縮後取得 FVP_Corstone_SSE-300.sh 腳本。

3. 再次開啟終端機，並修改 FVP_Corstone_SSE-300.sh 可執行檔的權限：

```
$ chmod +x FVP_Corstone_SSE-300.sh
```

4. 執行 FVP_Corstone_SSE-300.sh 腳本：

```
$ ./FVP_Corstone_SSE-300.sh
```

根據終端機上的後續指令，把 Corstone-300 FVP 的二元檔安裝在 ~/project_npu/binaries 資料夾中。為此，當出現 **Where would you like to install to?** 問題時，請輸入：~/project_npu/binaries/FVP_Corstone_SSE-300

---

3 https://developer.arm.com/tools-and-software/open-source-software/arm-platforms-software/arm-ecosystem-fvps

5. 更新 $PATH 環境變數來儲存 Corstone-300 二元檔的路徑。為此，請用任何你喜歡的文字編輯器（如 **gedit**）開啟 .bashrc 檔：

```
$ gedit ~/.bashrc
```

接著，在檔案最後加入以下內容：

```
export PATH=~/project_npu/binaries/FVP_Corstone_SSE-300/models/Linux64_GCC-6.4:$PATH
```

以上指令會以 Corstone-300 二元檔的路徑來更新 $PATH 環境變數

現在，儲存並關閉檔案。

6. 在終端機中重新載入 .bashrc 檔：

```
$ source ~/.bashrc
```

改用 source 指令，就可以輕鬆關閉並再次開啟終端機。

7. 使用以下指令來顯示 FVP_Corstone_SSE_Ethos-U55 的版本資訊，藉此檢查是否成功安裝 Corstone-300 二元檔：

```
$ FVP_Corstone_SSE_Ethos-U55 --version
```

如果 $PATH 環境變數已成功更新的話，以下指令應可在終端機中顯示 Corstone-300 的版本資訊，如下圖：

```
~ $FVP_Corstone_SSE-300_Ethos-U55 --version

Fast Models [11.15.24 (Aug 17 2021)]
Copyright 2000-2021 ARM Limited.
All Rights Reserved.
```

圖 8-5 輸入指令後所顯示的訊息

如上圖，指令順利回傳了 Corstone-300 的版本資訊。

Arm Cortex-M55 與 Ethos-U55 的虛擬硬體已經安裝完成，可以使用了。

安裝可支援 Arm Ethos-U 的 TVM

上一個專案提到了 Ethos-U55 程式，基本上就是用於告訴 microNPU 要執行哪些運算的指令流。不過，這個指令流又是如何生產生的呢？本章會運用 TVM 這款深度學習編譯器，可針對特定目標硬體來產生 ML 模型的 C 程式碼。

本專案將介紹 TVM，先從設定開發環境開始，待會就會用到了。

◎ 事前準備

本專案的目標是由原始碼來安裝 TVM 編譯器，需要以下項目：

- CMake 3.5.0（或更新版本）

- 支援 C++14 的 C++ 編譯器（例如，g++ 5 或更新版本）

- LLVM 4.0（或更新版本）

- Python 3.7 或 Python 3.8

開始之前，建議你先安裝好 Python **虛擬環境（virtualenv）**工具，因為我們要建立一個獨立的 Python 環境。請參閱第 7 章中關於虛擬環境的安裝與啟動方式。

不過，在示範如何安裝 TVM 之前，由於你可能不具備這項工具與 DL 編譯器堆疊的相關知識，我想要先介紹這款技術的主要特點。

理解 TVM 背後的意涵

TensorFlow Lite for Microcontrollers（TFLu）這套軟體函式庫讓先前章節中所建立的各種 DL 應用變為可行。TFLu 充分運用了針對各家供應商來最佳化的運算子函式庫（**效能函式庫**），才能在目標裝置上更有效率地執行模型。例如，TFLu 可把運算指派給 **CMSIS-NN** 函式庫，可在 Arm Cortex-M 系列微控制器上做到非常好的執行效能，而且所使用的記憶體還更少。

一般來說，這類效能最佳化函式庫都會針對各款處理器架構（例如 Arm Cortex-M0 or Cortex-M4）與其底層硬體效能提供一系列的專用運算子。隨著要把深度學習部署到各種裝置以及大量要被最佳化的函式等需求日增，開發這類函式庫所需投入的大量心力就浮出水面了。因此，受到要在各種平台上做到高效率深度學習加速之必要性所推動，美國華盛頓大學的一支研究團隊推出了 TVM，可由各種 DL 模型產生最佳化程式碼的編譯器堆疊。

TVM 如何做到模型推論最佳

Apache TVM[4] 是一款完整的開放原始碼編譯器，可以把各種 DL 模型（如 TFLite 模型）針對不同處理器類型都能轉譯為最佳化的程式碼：

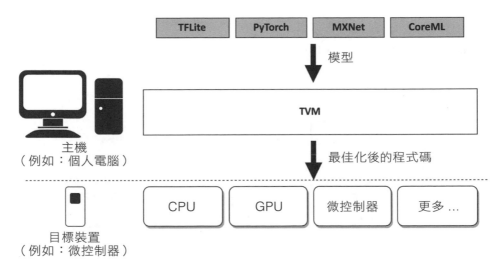

圖 8-6 TVM 可由某個預訓練模型來產生最佳化的程式碼

編譯器堆疊的主要好處是可自動取得針對新款深度學習加速器的高效率程式碼，而不需要先成為效能最佳化專家。

---

4 https://tvm.apache.org/

如上圖可知，TVM 可接受多種格式的預訓練模型（如 TFLite 或 PyTorch），
並根據以下兩個主要步驟來最佳化程式碼，如下圖：

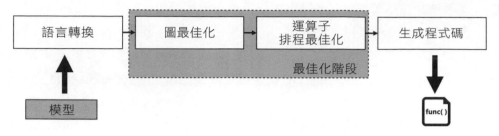

圖 8-7 TVM 的主要最佳化階段

由上圖可知，TVM 會先把輸入模型轉換成一個內部的高階神經網路語言
（**relay**）。接著，編譯器會在模型層級來進行第一個最佳化步驟（**graph
optimization**）。**融合（fusion）**是在圖層級的常見最佳化技術，目標是把
兩個（或更多）運算子結合起來好提升運算效率。當 TVM 在進行融合時，
實際上是把原本的運算子換成融合後的新運算子來轉換模型，如下圖：

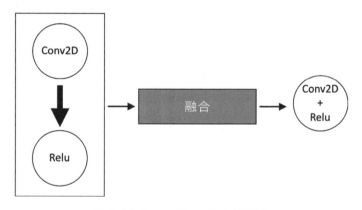

圖 8-8 Conv2D + ReLU 融合

在上述範例中，融合會針對 **2D 卷積（Conv2D）**與 **ReLU** 觸發來建立一個
運算子，而非原本模型中的兩次運算。

當融合發生時，一般來說都可讓運算時間變短，因為程式碼中的算術指令
與搬進 / 搬出主記憶體中的記憶體都已經減少了。

TVM 執行的第二個最佳化步驟是發生在運算子層級（**operator scheduling**），在此要找到在目標裝置上執行各運算子的最有效率方式。這項最佳化會影響到程式碼，以及運算策略的採用方式，包括 tiling、unrolling 與 vectorization。不難想像，最佳的運算方式當然會隨著目標平台而有不同。

Note

方才所述只是大方向，希望能讓你對編譯器運作方式有基本的認識。想深入理解 TVM 架構的話，請參考下列網址的 TVM 入門指南，其中提供了關於模型最佳化的逐步講解。https://tvm.apache.org/docs/tutorial/introduction.html#sphx-glr-tutorial-introduction-py

---

◉ 實作步驟

安裝 TVM 包含三個部分：

1. 安裝 TVM 的必要套件

2. 從原始碼來建置 TVM C++ 函式庫

3. 設定 Python 環境

請根據以下步驟來安裝 TVM：

1. 使用 Ubuntu 作業系統的**進階套件工具（Advanced Packaging Tool, APT）**來安裝必要的 TVM 相依套件：

```
$ sudo apt-get install -y python3 python3-dev python3-setuptools gcc
libtinfo-dev zlib1g-dev build-essential cmake libedit-dev libxml2-dev
llvm-dev
```

檢查 Python、CMake、g++ 與 `llvm-config` 等版本：

```
$ python –version && cmake –version && g++ --version && llvm-config –version
```

檢查相關軟體版本是否滿足 **TVM** 的最低要求版本,如上一節「事前準備」所述。如果沒有,請用以下連結來手動更新其版本:

- CMake:https://cmake.org/download/

- LLVM:https://apt.llvm.org/

- g++:https://gcc.gnu.org/

- Python:https://www.python.org/downloads/

2. 進入 ~/project_npu 資料夾,並由 TVM GitHub 複製其原始碼:

```
$ git clone –recursive https://github.com/apache/tvm tvm
```

3. 進入 tvm/ 資料夾並確認 TVM commit 為 dbfbd164c3:

```
$ cd ~/project_npu/tvm
$ git checkout dbfbd164c3
```

4. 在 tvm/ 資料夾中新增一個名為 build 的資料夾:

```
$ mkdir build
```

5. 把 cmake/config.cmake 檔案複製到 build/ 資料夾中:

```
$ cp cmake/config.cmake build
```

6. 編輯 build/config.cmake 檔案來啟用 **microTVM**、**Ethos-U support** 與 **LLVM**。作法是在 build/config.cmake 中加入 set(USE_MICRO ON)、set(USE_LLVM ON) 與 set(USE_ETHOSU ON) 等內容。而 microTVM 是 TVM 針對微控制器平台的一款擴充套件,後續就會介紹。

7. 從原始碼來建置 TVM C++ 函式庫:

```
$ cd build
$ cmake ..
$ make -j8
```

建議加上 **-j** 旗標，可對不同工作來同時執行建置流程。要執行的工作數量需根據系統可用的核心數量來設定。例如，八核心的系統請設為 **8**。

8. 更新 **$PYTHONPATH** 環境變數，於其中指定上一步所建置的函式庫路徑。作法是用任何你喜歡的文字編輯器（如 gedit）開啟 **.bashrc** 檔：

```
$ gedit ~/.bashrc
```

9. 在檔案最後加入以下內容：

```
export PYTHONPATH=~/project_npu/tvm/python:${PYTHONPATH}
```

更新 **$PATH** 環境變數之後，請儲存並關閉檔案。

10. 重新載入 **.bashrc** 檔案：

```
$ source ~/.bashrc
```

如果你是在同一個終端機畫面中啟動 **virtualenv** 的話，請再次啟動 Python 虛擬環境。

11. 檢查 Python 是否有抓到位於 **~/project_npu/tvm/python** 資料夾中的 TVM Python 函式庫：

```
$ python -c "import sys; print(sys.path)"
```

上述指令會列出 Python 直譯器會去搜尋模組的目錄清單。由於 **sys. path** 是根據 **PYTHONPATH** 來初始化，應可在終端機所顯示的目錄清單中看到 **~/project_npu/tvm/python** 這個路徑。

12. 安裝 TVM 所需的 Python 相依套件：

```
$ pip3 install --user numpy decorator attrs scipy
```

13. 檢查 TVM 是否正確安裝：

```
$ python -c "import tvm; print('HELLO WORLD,')"
```

上述程式碼應該會在終端機中顯示 HELLO WORLD 這段訊息。

14. 根據 ~/project_npu/tvm/apps/microtvm/ethosu/requirements.txt 來安裝 Python 相依套件：

```
$ cd ~/project_npu/tvm/apps/microtvm/ethosu
$ pip3 install -r requirements.txt
```

TVM 需要上述步驟中的部分相依套件才能順利產生 Ethos-U55 microNPU 所需的程式碼。

完成！TVM 現在已經可以生成針對 Cortex-M CPU 與 Ethos-U microNPU 的 C 程式碼了。

安裝 Arm 工具鏈與 Ethos-U 驅動程式堆疊

TVM 可使用 TFLite 模型作為輸入來產生針對目標裝置的 C 程式碼。不過，所生成的原始碼還需要手動編譯才能順利在 Corstone-300 FVP 上執行。再者，Cortex-M55 CPU 需要額外的軟體函式庫來驅動 Ethos-U55 microNPU 上的運算。

本專案要安裝 Arm GCC 工具鏈來交叉編譯（**cross-compile**）Arm Cortex-M55 程式碼以及本專案所需的其餘軟體函式庫相依套件。

◉ 事前準備

本節要介紹這個專案絲需要的三個相依套件：**Arm GCC toolchain**、**Ethos-U core driver** 與 **Ethos-U core platforms**。

Corstone-300 FVP 是一款以 Arm Cortex-M55 為基礎的虛擬平台，因此需要專屬的編譯器才能編譯該目標裝置可用的應用程式。這類編譯器通常會稱為交叉編譯器（cross-compiler），因為目標 CPU（如 Arm Cortex-M55）與用來編譯應用程式的 CPU（如 x86-64）並非同一顆。如果要對 Arm

Cortex-M55 進行交叉編譯，就需要 **GNU Arm Embedded 工具鏈**，提供了非常完整的程式工具，包含編譯器、連結程式、除錯程式與函式庫。這款工具鏈支援**各大作業系統**，包含 Linux、Windows 與 macOS。

不過，所需的東西還不只有這款工具鏈而已。Cortex-M55 CPU 還會用到 **Arm Ethos-U core driver** 來把 ML 工作卸載到 Arm Ethos-U55 上。Arm Ethos-U core driver 提供了一個在 Ethos-U microNPU 上執行指令流的介面。這款 driver 獨立於作業系統之上，代表它不會用到任何像是佇列或互斥鎖這類作業系統的原生指令。也就是說，它可針對任何所支援的 Cortex-M CPU 來進行交叉編譯，還能搭配所有**即時作業系統（Real-Time Operating System, RTOS）**。

本應用程式所需的最後一個函式庫為 **Arm Ethos-U core platform**[5]。本專案包含了在 Arm Ethos-U 平台上執行 ML 工作的相關範例，其中包含了 Corstone-300 FVP。本專案會用到 Makefile 來建置應用程式。

◎ 實作步驟

開啟終端機，並根據以下步驟來安裝 GNU Arm Embedded 工具鏈，最後取得本專案所需的其餘軟體相依套件：

1. 進入 ~/project_npu/binaries 資料夾，安裝用於 Linux x86-64 的 GNU Arm Embedded 工具鏈。為此，請在 ~/project_npu/binaries 目錄下新增一個名為 toolchain 的資料夾：

```
$ cd ~/project_npu/binaries
$ mkdir toolchain
```

2. 下載 GNU Arm Embedded 工具鏈。使用 curl 工具就能自動下載並把檔案解壓縮到 toolchain 資料夾中：

---

5 https://review.mlplatform.org/plugins/gitiles/ml/ethos-u/ethos-u-core-platform/

```
$ gcc_arm='https://developer.arm.com/-/media/Files/downloads/gnu-
rm/10-2020q4/gcc-arm-none-eabi-10-2020-q4-major-x86_64-linux.tar.
bz2?revision=ca0cbf9c-9de2-491c-ac48-898b5bbc0443&la=en&hash=68760A8AE66026
BCF99F05AC017A6A50C6FD832A'

$ curl --retry 64 -sSL ${gcc_arm} | \
tar -C toolchain --strip-components=1 -jx
```

Note

上述操作所需要的時間與當下的網路連線速度有關，可能需要數分鐘。

3. 使用任何你慣用的文字編輯器（如 **gedit**）來開啟 .bashrc 檔：

```
$ gedit ~/.bashrc
```

4. 在檔案末端加入以下內容，用於把工具鏈路徑加入 $PATH 環境變數中：

```
export PATH=~/project_npu/binaries/toolchain/gcc-arm-none-eabi-10.3-2021.10/
bin:$PATH
```

更新 $PATH 環境變數之後，儲存並關閉檔案。

5. 再次載入 .bashrc 檔案：

```
$ source ~/.bashrc
```

6. 列出支援的 CPU 清單來檢查 GNU Arm Embedded 工具鏈是否正確安裝：

```
$ arm-none-eabi-gcc -mcpu=.
```

顯示出來的 CPU 支援清單中應該會包含 Cortex-M55 CPU，如下圖：

```
arm-none-eabi-gcc: note: valid arguments are: arm8 arm810 strongarm strongarm110 fa526
fa626 arm7tdmi arm7tdmi-s arm710t arm720t arm740t arm9 arm9tdmi arm920t arm920 arm922t
arm940t ep9312 arm10tdmi arm1020t arm9e arm946e-s arm966e-s arm968e-s arm10e arm1020e a
rm1022e xscale iwmmxt iwmmxt2 fa606te fa626te fmp626 fa726te arm926ej-s arm1026ej-s arm
1136j-s arm1136jf-s arm1176jz-s arm1176jzf-s mpcorenovfp mpcore arm1156t2-s arm1156t2f-
s cortex-m1 cortex-m0 cortex-m0plus cortex-m1.small-multiply cortex-m0.small-multiply c
ortex-m0plus.small-multiply generic-armv7-a cortex-a5 cortex-a7 cortex-a8 cortex-a9 cor
tex-a12 cortex-a15 cortex-a17 cortex-r4 cortex-r4f cortex-r5 cortex-r7 cortex-r8 cortex
-m7 cortex-m4 cortex-m3 marvell-pj4 cortex-a15.cortex-a7 cortex-a17.cortex-a7 cortex-a3
2 cortex-a35 cortex-a53 cortex-a57 cortex-a72 cortex-a73 exynos-m1 xgene1 cortex-a57.co
rtex-a53 cortex-a72.cortex-a53 cortex-a73.cortex-a35 cortex-a73.cortex-a53 cortex-a55 c
ortex-a75 cortex-a76 cortex-a76ae cortex-a77 neoverse-n1 cortex-a75.cortex-a55 cortex-a
76.cortex-a55 neoverse-v1 neoverse-n2 cortex-m23 cortex-m33 cortex-m35p cortex-m55 cort
ex-r52
```

圖 8-9 CPU 支援清單中應包含 cortex-m55

7. 進入 ~/project_npu/sw_libs 資料夾並複製 CMSIS 函式庫：

```
$ cd ~/project_npu/sw_libs
$ git clone "https://github.com/ARM-software/CMSIS_5.git" cmsis
```

接著，檢查版號是否為 5.8.0：

```
$ cd cmsis
$ git checkout -f tags/5.8.0
$ cd ..
```

8. 進入 ~/project_npu/sw_libs 資料夾並複製 Arm Ethos-U core driver：

```
$ cd ~/project_npu/sw_libs
$ git clone "https://review.mlplatform.org/ml/ethos-u/ethos-u-core-driver"
core_driver
```

接著，檢查版號是否為 21.11：

```
$ cd core_driver
$ git checkout tags/21.11
$ cd ..
```

9. 取得 Arm Ethos-U core 平台：

```
$ git clone "https://review.mlplatform.org/ml/ethos-u/ethos-u-core-platform"
core_platform
$ cd core_platform
```

檢查版號是否為 **21.11**：

```
$ git checkout tags/21.11
$ cd ..
```

現在，終於準備好來編寫程式並在 Corstone-300 FVP 上執行了！

使用 TVM 產生 C 程式碼

使用 TVM 將 **TFLite** 模型編譯為 C 程式碼相當直觀。TVM 只需要指定輸入模型、目標裝置與一個命令列指令就能產生包含所生成的 C 程式碼的 TAR 壓縮檔。

本專案將示範如何使用 **microTVM** 將預訓練的 CIFAR-10 模型轉換為 C 程式碼，這是一個針對微控制器部署的 TVM 擴充套件。

本專案的 bash 腳本（包含相關指令）請由此取得：

* compile_model_microtvm.sh：

  https://github.com/PacktPublishing/TinyML-Cookbook/blob/main/
  Chapter08/BashScripts/compile_model_microtvm.sh

◉ 事前準備

本節將介紹如何使用 TVM 來產生 C 程式碼，並介紹何謂 microTVM。

TVM 是一款深度學習編譯技術，讓我們可使用 Python 語言並在與建置、訓練與量化 TFLite 模型的相同環境中來作業。雖然 TVM 也提供了原生的 Python API，但另外還有一款基於命令列介面且操作更加直觀的 API：TVMC。

TVMC 是一個命令列驅動程式，除了具備與 TVM Python API 的相同功能之外，還多了一個優點，就是能進一步減少所需的程式碼數量。只要單行指令就能針對不同案例將 **TFLite** 模型編譯為 C 程式碼。

這時，你應該會好奇：TVMC 工具要在哪邊取得呢？

TVMC 會隨著 TVM Python 一併安裝完成，只要在終端機中執行下列指令就能編譯 TFLite 模型了：`python -m tvm.driver.tvmc compile <options>`。`compile` 指令所需的選項會在後續的「實作步驟」中說明。

Tips

想要進一步了解 TVMC 的話，推薦你閱讀以下文件：`https://tvm.apache.org/docs/tutorial/tvmc_command_line_driver`

雖然我們是說從模型來產生 C 程式碼，但實際上 TVM 是輸出了以下檔案：

- `.so`：包含了執行模型所需最佳化運算子的 C++ 函式庫。TVM C++ 執行階段會在目標裝置上載入這個函式庫並執行推論。

- `.json`：包含了運算圖與權重的 JSON 檔。

- `.params`：本檔案包含了預訓練模型的所有參數。

不過，以上三個檔案並不適合部署到微控制器，原因如下：

- 微控制器不具備**記憶體管理單元（Memory Management Unit, MMU）**，所以無法在執行階段中載入動態函式庫。

- 權重是儲存於外部檔案（`.json`），這對微控制器來說並不理想，原因有二：首先是我們不一定有作業系統來提供讀取外部檔案的 API，再來就是從外部檔案所載入的權重會被放到 SRAM 中，一般來說這都會比程式記憶體小很多。

也因為上述原因，推出了一款 TVM 的擴充套件，可針對微控制器產生合適的輸出結果：**microTVM**。

使用 microTVM 在微控制器上執行 TVM

microTVM[6] 是 TVM 的一款擴充套件，提供了不需要作業系統與動態記憶體配置的另一種輸出格式。

> **Note**
>
> 沒有作業系統的裝置通常稱為**裸機**（**bare-metal**）。

這裡提到的輸出格式為**模型函式庫格式**（**Model Library Format, MLF**），實際上是一個包含了 C 程式碼的 TAR 套件。因此，由 TVM/microTVM 所產生的程式碼需要被整合到應用程式中，並根據指定的目標平台來編譯。

◉ 實作步驟

請根據以下步驟來操作 TVM/microTVM，將預訓練的 CIFAR-10 量化模型轉換為 C 程式碼：

1. 在 ~/project_npu/src 資料夾中新增一個名為 build 的資料夾：

```
$ cd ~/project_npu/src
$ mkdir build
```

2. 請由本書 GitHub 下載預訓練的 CIFAR-10 量化模型：https://github.com/PacktPublishing/TinyML-Cookbook/blob/main/Chapter08/cifar10_int8.tflite

   或是使用第 7 章所產生的 CIFAR-10 模型。

   把模型檔儲存於 ~/project_npu/src/ 資料夾中即可。

---

6 https://tvm.apache.org/docs/topic/microtvm/index.html

3. 進入 ~/project_npu/src/ 資料夾，使用 TVMC 將 CIFAR-10 模型編譯
為 MLF 格式：

```
$ cd ~/project_npu/src/
$ python3 -m tvm.driver.tvmc compile \
--target="ethos-u -accelerator_config=ethos-u55-256, c" \
--target-c-mcpu=cortex-m55 \
--runtime=crt \
--executor=aot \
--executor-aot-interface-api=c \
--executor-aot-unpacked-api=1 \
--pass-config tir.disable_vectorize=1 \
--output-format=mlf \
cifar10_int8.tflite
```

在上述指令中，TVMC 編譯指令需要一些引數，在此介紹一些最重
要的：

- --target="ethos-u -accelerator_config=ethos-u55-256, c"

  本選項用於指定 ML 推論的目標處理器。本專案共有兩個目標處
  理器：Arm Ethos-U55 與 Cortex-M CPU。主要目標為 Ethos-U55
  microNPU。如前所述，Ethos-U microNPU 是一款可高效執行各
  種 MAC 運算的處理器。指定 ethos-u55-256 時，實際上就是告訴
  TVM：Ethos-U55 運算引擎共有 256 個 MAC。本數值是寫入硬體
  的固定值，使用者無法透過程式修改。因此，Corstone-300 FVP 也
  必須使用與 Ethos-U55 相同的設定才能順利執行程式。-target 引
  數中的另一個處理器就是由 c 選項所指定的 Cortex-M CPU。CPU
  只會去執行無法交由 microNPU 來處理的那些層。

- --target-c-mcpu=cortex-m5 5

  本選項可要求目標 CPU 去執行 microNPU 所不支援的那些層。

- --runtime=crt

  本選項用於執行階段類型。由於我們要在裸機平台上執行應用程
  式，本專案須指定為 C 執行階段（crt）。

- --executor=aot

  本選項用於指定 microTVM 要**提前（Ahead of Time, AoT）**來建置模型圖，而非在執行階段來建置。換言之，這代表模型圖已經生成且已知，所以程式在執行過程中不需要載入模型。這個執行器可以減少 SRAM 用量。

- --executor-aot-interface-api=c

  本選項用於指定 AoT 執行器的介面類型。因為我們要生成 C 程式碼，所以使用 c 選項。

- --pass-config tir.disable_vectorize = 1

  本選項要求 TVM 去停用程式碼向量化，因為 C 語言沒有原生的向量化資料型態。

- --output-format=mlf

  本選項用於指定 TVM 所生成的輸出。由於我們要生成 MLF 格式，在此就須使用 mlf。

- cifar10_int8.tflite

  這是要被編譯為 C 程式碼的輸入模型。

幾秒之後，TVM 就會產生一個名為 module.tar 的 TAR 套件檔，並在終端機顯示以下訊息：

```
./
./codegen/
./codegen/host/
./codegen/host/include/
./codegen/host/include/tvmgen_default.h
./codegen/host/src/
./codegen/host/src/default_lib2.c
./codegen/host/src/default_lib0.c
./codegen/host/src/default_lib1.c
./metadata.json
./parameters/
./parameters/default.params
./src/
./src/relay.txt
```

圖 8-10 程式碼生成完畢後的 TVM 輸出訊息

TVM 在終端機輸出訊息可看到各個檔案與目錄，其中也包含了 module.tar 檔案。

4. 把所產生的 module.tar 檔解壓縮到 ~/project_npu/src/build 資料夾中：

```
$ tar -C build -xvf module.tar
```

現在，你的 ~/project_npu/src/build 資料夾內容應該與圖 8-10 一樣了。

針對輸入、輸出與標籤生成 C 位元組陣列

TVM 所產生的 C 程式碼並未包含輸入與輸出張量，因為這些內容需要由使用者來另外指定。

本專案要開發一個 Python 腳本來產生三個可在程式中回報分類結果的 C 位元組陣列，分別包含了輸入張量、輸出張量與標籤。輸入張量還包含了一張用於在 microNPU 上進行測試的有效影像。

本專案的 Python 腳本請由此取得：

- prepare_assets.py：
  https://github.com/PacktPublishing/TinyML-Cookbook/blob/main/Chapter08/PythonScripts/prepare_assets.py

◉ 事前準備

開始本專案之前，需要先了解用於產生 C 位元組陣列的 Python 腳本結構。

這份 Python 腳本為針對各個 C 位元組陣列來產生對應的 C 標頭檔，所產生的檔案必須使用以下檔名並放在 ~/project_npu/src/include 資料夾中：

- inputs.h：輸入張量
- outputs.h：輸出張量
- labels.h：標籤

> **Important Note**
>
> C 標頭檔的檔名必須與以上檔案相同,因為本專案程式是修改自一個預先
> 建置完成的範例,其中已指定了這些檔名。

在為輸入張量建立 C 位元組陣列時, 該腳本是以命令列引數的方式來接受
影像檔路徑,藉此將一張有效影像填入陣列中。

不過,我們無法直接加入原始的輸入影像。回顧第 7 章,CIFAR-10 模型
所需的是 RGB 輸入影像,解析度 32×32 並且其像素值需經過正規化與量
化。因此,影像在存入陣列之前也需要經過一些預處理的步驟。

產生輸出與標籤的 C 位元組陣列會比輸入來得簡單,原因如下:

- 輸出陣列擁有 10 筆資料型態為 `int8_t` 的數值,可都先初始化為 0。

- 標籤陣列擁有 10 個字串,分別為各類別的名稱(`airplane, automobile,`
  `bird, cat, deer, dog, frog, horse, ship, truck`)。

如本章第一個專案所述,Cortex-M CPU 要把輸入 / 輸出張量的位置告訴
Ethos-U55 microNPU。不過,microNPU 無法讀取或寫入記憶體系統的所
有部分。因此,要注意這些陣列的儲存位置。下表說明了 Corstone-300
FVP 具備哪些記憶體,以及哪些可被 Arm Ethos-U55 來存取:

記憶體	記憶體大小	microNPU 可否存取?
ITCM	512KB	No
DTCM	512KB	No
SSE-300 SRAM	2MB	Yes
Data SRAM	2MB	Yes
DDR	32MB	Yes

圖 **8-11** Corstone-300 FVP 的系統記憶體

由上表可知，Ethos-U55 無法存取**指令緊密耦合記憶體（Instruction Tightly Coupled Memory, ITCM）**與**資料緊密耦合記憶體（Data Tightly Coupled Memory, DTCM）**，這兩者分別為 Cortex-M CPU 的程式與資料記憶體。

如果沒有明確定義輸入與輸出陣列的記憶體 儲存區，其內容就有可能被放入 ITCM 或 DTCM 中而無法存取。例如，如果使用固定值來初始化輸入陣列，編譯器會假設這是可存放於程式記憶體中的固定資料儲存區。為了確保輸入與輸出張量是被放在 Ethos-U55 microNPU 可存取的記憶體空間中，就需要在宣告陣列時指定**記憶體區段（memory section）**屬性。本專案會把輸入與輸出張量放在 DDR 中。

以下程式碼示範如何把名為 K 的 `int8_t` 陣列根據 16 位元的對齊方式來存入 Corstone-300 FVP 的 DDR 儲存空間中：

```
int8_t K[4] __attribute__((section("ethosu_scratch"), aligned(16)));
```

`__attribute__` 區段（`ethosu_scratch`）與對齊方式（`16`）的傳入值必須和編譯程式的 Linker 腳本相等。本專案所使用的 Linker 檔請由此取得：

https://github.com/apache/tvm/blob/main/apps/microtvm/ethosu/corstone300.ld

◉ 實作步驟

開發 Python 腳本之前，先來看看 CIFAR-10 模型的輸入量化參數。Netron 網站在此可說是方便又好用。請在 **Netron** 網站上點選 **Open Model...** 按鈕，隨後請找到網路第一層的量化參數，如下圖：

圖 8-12 使用 Netron 來檢視網路的第一層

在 **quantization** 欄位中可看到把 8 位元量化數值轉換為浮點數的公式，如第 3 章所述。在因此，調控參數為 **0.0039215688...** 而零點為 **-128**。

> **Attention**
>
> 請注意這個零點值。由於 8 位元量化公式會從 8 位元整數值減去零點，因此這個參數不是 +128。

現在，請用你慣用的 Python 編輯器在 **~/project_npu/src** 資料夾中新增一個名為 **prepare_assets.py** 的檔案：

開啟 **prepare_assets.py** 檔，並根據以下步驟來產生用於輸入、輸出與標籤的 C 位元組陣列：

1. 宣告兩個變數來存放 CIFAR-10 模型的輸入量化參數：

```
input_quant_offset = -128
input_quant_scale = 0.003921568859368563
```

2. 定義一個函式來產生輸入與輸出 C 標頭檔的內容：

```
def gen_c_array(name, size, data):
    str_out = "#include <tvmgen_default.h>\n"
    str_out += f"const unsigned int {name}_len = {size};\n"
    str_out += f'int8_t {name}[] __attribute__((section("ethosu_scratch"),
aligned(16))) = '
    str_out += "\n{\n"
    str_out += f'{data}'
    str_out += '\n};'
    return str_out
```

由於輸入與輸出張量的格式、型態與資料儲存方式都相同，我們可用一個樣板字串來代表，後續再針對不同的地方來修改名稱即可，說明如下：

- **name**：陣列名稱
- **size**：陣列大小
- **data**：要儲存於陣列中的數值

由上述程式碼可知，函式會預期 {data} 是一個由多個整數值（彼此以逗號分隔）所組成的字串。

3. 自定義一個函式，把由 np.int8 數值所組成的 1D NumPy 陣列轉換為由原本的整數值所組成的字串，彼此由逗號區隔：

```
def array_to_str(data):
  NUM_COLS = 12
  val_string = ''
  for i, val in enumerate(data):
    val_string += str(val)
    if (i + 1) < len(data):
      val_string += ','
    if (i + 1) % NUM_COLS == 0:
      val_string += '\n'
  return val_string
```

由上述程式碼可知，NUM_COLS 變數限制了一列可存放的數值總數。本範例把 NUM_COLS 設為 12，也就是每 12 筆數值加入一個新的換行字元。

4. 定義用於產生輸入 C 位元組陣列的函式：

```
def gen_input(img_file):
  img_path    = os.path.join(f"{img_file}")
  img_resized = Image.open(img_path).resize((32, 32))
```

在上述程式碼中，gen_input() 函式會需要影像路徑（image_name）作為引數。接著使用 Python **Pillow** 函式庫來載入該影像，並調整其大小為 32×32。

5. 將調整大小後的影像轉換為 NumPy 浮點數陣列：

```
img_data = np.asarray(img_resized).astype("float32")
```

接著，將所有像素值進行正規化與量化：

```
img_data /= 255.0
img_data /= input_quant_scale
img_data += input_quant_offset
```

6. 將量化後的影像轉換為 `np.int8`，再進一步轉換為由整數值所組成的一個字串：

```
input_data = img_data.astype(np.int8)
input_data = input_data.ravel()
val_string = array_to_str(input_data)
```

在上述程式碼中，由於 `array_to_str()` 函式只能以 1D 物件來接受輸入陣列，在此使用 NumPy 的 `ravel()` 函式來回傳一個攤平後的連續陣列。

7. 將輸入 C 位元組陣列儲存為字串，再將其儲存為 C 標頭檔（`inputs.h`）並放在 `include/` 資料夾中：

```
  c_code = gen_c_array("input", input_data.size,
val_string)
  with open("include/inputs.h", 'w') as file:
    file.write(c_code)
```

8. 定義一個函式來生成輸出張量的 C 標頭檔（`outputs.h`）並放在 `include/` 資料夾中：

```
def gen_output():
  output_data = np.zeros([10], np.int8)
  val_string = array_to_str(output_data)
  c_code = gen_c_array("output", output_data.size,
val_string)
  with open("include/outputs.h", 'w') as file:
    file.write(c_code)
```

9. 定義一個函式來生成標籤的 C 標頭檔（`labels.h`）並放在 `include/` 資料夾中：

```
def gen_labels():
  val_string = "char* labels[] = "
  val_string += '{"airplane", "automobile", "bird", '
  val_string += '"cat", "deer", "dog", '
  val_string += '"frog", "horse", "ship", "truck"};'
  with open("include/labels.h", 'w') as file:
    file.write(val_string)
```

10. 執行 gen_input()、gen_output() 與 gen_labels() 等三個函式：

```
if __name__ == "__main__":
    gen_input(sys.argv[1])
    gen_output()
    gen_labels()
```

如上述程式碼可知，第一個命令列引數會被送入 gen_input()，也就是使用者所提供的影像檔路徑。

現在 Python 腳本已經準備好，只要完成最後一步就能在 Ethos-U55 microNPU 上執行 CIFAR-10 模型了。

在 Arm Ethos-U55 上建置與執行模型

終於走到這裡，本書完結之前的最後一個專案。所有工具都安裝好了，TFLite 模型也已經轉換為 C 程式碼，還要做什麼呢？我們還需要製作一個可透過 CIFAR-10 模型來辨識影像的應用程式。程式準備好之後，就可以編譯並在將其 Corstone-300 FVP 上執行它。

雖然要做的事情看起來超多的，但為求簡化相關技術細節，本專案會修改一個已經建置好的 Ethos-U microNPU 範例。

本專案會示範如何修改 TVM 的現成 Ethos-U 範例來執行 CIFAR-10 推論，接著使用該範例中的 Makefile 與 Linker 腳本來編譯程式，最後將其執行於 Corstone-300 FVP 上。

本專案的 bash 腳本（包含相關指令）請由此取得：

- build_and_run.sh：

  https://github.com/PacktPublishing/TinyML-Cookbook/blob/main/Chapter08/BashScripts/build_and_run.sh

◉ 事前準備

本專案使用了 TVM 原始碼的內建範例，位於 **tvm/apps/microtvm/ethosu** 資料夾中。該範例可在 Ethos-U55 上執行 MobileNet V1 來對單一影像進行分類推論。範例資料夾內容如下：

- 應用程式原始碼：位於 **include/** 與 **src/** 子資料夾中。

- Makefile、arm-none-eabi-gcc.cmake 與 corstone300.ld：針對 Corstone-300 FVP 來建置範例的腳本。

- convert_image.py 與 convert_labels.py：產生輸入、輸出與標籤 C 標頭檔的 Python 腳本。

- run_demo.sh：在 Corstone-300 FVP 執行範例的腳本。

有了以上檔案，只需要再準備應用程式原始碼與用於建置的腳本就可以了。

◉ 實作步驟

開啟終端機，根據以下步驟來在 Ethos-U55 上建置與執行 CIFAR-10 推論：

1. 將應用程式原始碼從 ~/project_npu/tvm/apps/microtvm/ethosu/ 資料夾複製到 ~/project_npu/src 資料夾：

```
$ cp -r ~/project_npu/tvm/apps/microtvm/ethosu/include ~/project_npu/src/
$ cp -r ~/project_npu/tvm/apps/microtvm/ethosu/src ~/project_npu/src/
```

2. 將建置腳本（Makefile、arm-none-eabi-gcc.cmake 與 corstone300.ld）從 ~/project_npu/tvm/apps/microtvm/ethosu/ 資料夾複製到 ~/project_npu/src 資料夾：

```
$ cp -r ~/project_npu/tvm/apps/microtvm/ethosu/Makefile ~/project_npu/src/
$ cp -r ~/project_npu/tvm/apps/microtvm/ethosu/arm-none-eabi-gcc.cmake ~/project_npu/src/
$ cp -r ~/project_npu/tvm/apps/microtvm/ethosu/corstone300.ld ~/project_npu/src/
```

3. 請由本書 GitHub 下載 ship.jpg 影像：`https://github.com/`
   `PacktPublishing/TinyML-Cookbook/blob/main/Chapter08/ship.jpg`
   （來源：Pixabay）。將圖檔存放於 ~/project_npu/src 資料夾中。

4. 列出 ~/project_npu/src 資料夾中的目錄與檔案清單：

```
$ sudo apt-get install tree
$ cd ~/project_npu/src/
$ tree
```

應可在終端機看到以下輸出訊息，如下圖：

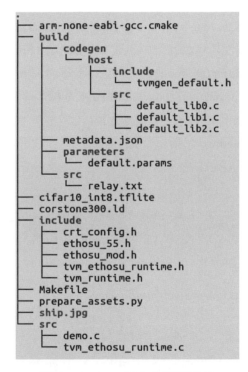

```
.
├── arm-none-eabi-gcc.cmake
├── build
│   ├── codegen
│   │   └── host
│   │       ├── include
│   │       │   └── tvmgen_default.h
│   │       └── src
│   │           ├── default_lib0.c
│   │           ├── default_lib1.c
│   │           └── default_lib2.c
│   ├── metadata.json
│   ├── parameters
│   │   └── default.params
│   └── src
│       └── relay.txt
├── cifar10_int8.tflite
├── corstone300.ld
├── include
│   ├── crt_config.h
│   ├── ethosu_55.h
│   ├── ethosu_mod.h
│   ├── tvm_ethosu_runtime.h
│   └── tvm_runtime.h
├── Makefile
├── prepare_assets.py
├── ship.jpg
└── src
    ├── demo.c
    └── tvm_ethosu_runtime.c
```

圖 8-13 tree 指令的預期輸出

在進入下一步之前，請確認你已具備上圖中的所有資料夾與檔案。

5. 執行 prepare_assets.py Python 腳本來產生輸入、輸出與標籤的 C 標頭檔：

```
$ cd ~/project_npu/src
$ python3 prepare_assets.py ship.jpg
```

在上述程式碼中，將 ship.jpg 檔名作為命令列引數，使用船隻影像內容來初始化輸入張量。

這個 Python 腳本會把 C 標頭檔儲存在 ~/project_npu/src/include 資料夾中。

6. 開啟 ~/project_npu/src/src 資料夾中的 demo.c 檔，並找到第 **46** 列。把 .input 欄位名稱換成 tvmgen_default_inputs 結構中的 TVM 名稱。tvmgen_default_inputs 結構是宣告在 ~/project_npu/src/build/codegen/host/include/tvmgen_default.h 檔中。如果你是由本書 GitHub 來下載預訓練的 CIFAR-10 模型，檔名應該是 serving_default_input_2_0。因此，demo.c 檔須包含以下內容：

```
.serving_default_input_2_0 = input;
```

7. 請 用 你 慣 用 的 文 字 編 輯 器 來 開 啟 ~/project_npu/src 資 料 夾 中 的 Makefile 腳本。請把第 **25** 列的 /opt/arm/ethosu 路徑換成 ${HOME}/project_npu/sw_libs，完成如下：

```
ETHOSU_PATH=${HOME}/project_npu/sw_libs
```

須完成以上修改，才能讓 Makefile 腳本去抓到軟體函式庫的安裝路徑，如「安裝 *Arm* 工具鏈與 *Ethos-U* 驅動程式堆疊」一節中所述。完成後，儲存並關閉檔案。

8. 使用 make 指令來建置應用程式：

```
$ make
```

Makefile 腳本會在 ~/project_npu/src/build 資料夾中產生一個名為
demo 的二元檔：

9. 在 Corstone-300 FVP 上執行 demo：

```
$ FVP_Corstone_SSE-300_Ethos-U55 -C cpu0.CFGDTCMSZ=15 \
-C cpu0.CFGITCMSZ=15 -C mps3_board.uart0.out_file=\"-\" \
-C mps3_board.uart0.shutdown_tag=\"EXITTHESIM\" \
-C mps3_board.visualisation.disable-visualisation=1 \
-C mps3_board.telnetterminal0.start_telnet=0 \
-C mps3_board.telnetterminal1.start_telnet=0 \
-C mps3_board.telnetterminal2.start_telnet=0 \
-C mps3_board.telnetterminal5.start_telnet=0 \
-C ethosu.extra_args="--fast" \
-C ethosu.num_macs=256 ./build/demo
```

在上述指令中，請注意 ethosu.num_macs = 256 這個引數。這個
選項是對應於 Ethos-U55 microNPU 運算引擎中的 MAC 數量，在編譯
TFLite 模型時必須與 TVM 的指定值相符。

執行 Corstone-300 指令之後，應可在終端機中看到以下輸出訊息：

```
ethosu_invoke COMMAND_STREAM
handle_command_stream: cmd_stream=0x6100fc60, cms_length 534
QBASE=0x000000006100fc60, QSIZE=2136, base_pointer_offset=0x00000000
BASEP0=0x00000000610104c0
BASEP1=0x0000000060003010
BASEP2=0x0000000060003010
BASEP3=0x0000000060000010
BASEP4=0x0000000060000c10
CMD=0x00000005Interrupt. status=0xffff0022, qread=2136
CMD=0x00000006

CMD=0x0000000c
ethosu_release_driver - Driver 0x20000a18 released
10
The image has been classified as 'ship'
```

圖 8-14 CIFAR-10 推論的預期輸出

如上圖的最後一個訊息，這張影像已正確被分類為船隻（ship）。

然後，就這樣完成啦！作為本書最後一個專案，但也是第一個運行在 Arm Ethos-U55 上的程式，你已經可以在 Cortex-M 微控制器上開發更加智慧化的 TinyML 方案了！

加入我們的 Discord 社團！

和其他使用者、TinyML 開發者 / 工程師以及作者 Gian 一起閱讀本書吧！你可以在此提出問題、為其他讀者提供解決方案或透過 *Ask Me Anything* 與 Gian。

現在就加入吧！

https://discord.com/invite/UCJTV3A2Qp

TinyML 經典範例集

作　　者：Gian Marco Iodice
譯　　者：CAVEDU 教育團隊　曾吉弘
企劃編輯：蔡彤孟
文字編輯：詹祐甯
設計裝幀：張寶莉
發 行 人：廖文良

發 行 所：碁峰資訊股份有限公司
地　　址：台北市南港區三重路 66 號 7 樓之 6
電　　話：(02)2788-2408
傳　　真：(02)8192-4433
網　　站：www.gotop.com.tw
書　　號：ACH024400
版　　次：2023 年 01 月初版
建議售價：NT$520

國家圖書館出版品預行編目資料`

TinyML 經典範例集 / Gian Marco Iodice 原著；曾吉弘譯. -- 初
版. -- 臺北市：碁峰資訊, 2023.01
　　面；　　公分
　　譯自：TinyML Cookbook
　　ISBN 978-626-324-400-9(平裝)
　　1.CST：機器學習　2.CST：人工智慧
312.831　　　　　　　　　　　　　　　　　111021810

讀者服務

- 感謝您購買碁峰圖書，如果您對本書的內容或表達上有不清楚的地方或其他建議，請至碁峰網站：「聯絡我們」\「圖書問題」留下您所購買之書籍及問題。(請註明購買書籍之書號及書名，以及問題頁數，以便能儘快為您處理)
http://www.gotop.com.tw

- 售後服務僅限書籍本身內容，若是軟、硬體問題，請您直接與軟體廠商聯絡。

- 若於購買書籍後發現有破損、缺頁、裝訂錯誤之問題，請直接將書寄回更換，並註明您的姓名、連絡電話及地址，將有專人與您連絡補寄商品。